U0317092

复杂地形条件下
重气扩散数值模拟

宁 平 孙 鹝 侯明明 著

北 京
冶金工业出版社
2013

内 容 提 要

全书共分 7 章，主要内容包括：重气扩散的个旧地形风洞实验和 Thorney 场地测试数据引用；重气扩散相关机理，包括传输模型、泄漏源喷射模型和重气液滴云团参与的重气扩散模型的建立；流体动力学偏微分方程组算法优化和改进；以存在规则障碍物的 Thorney 场地测试 26 和以曲折山地城市地貌为背景的风洞实验的测试结果为复杂地形条件的两种典型情景，使用实验数据对改进的浅层模型和 CFD 模型进行验证；模型对动态、气态喷射源条件下不同泄漏口面积重气扩散污染模拟的比较和恒定喷射源条件下存在重气液滴相时的重气和液滴重气云团的扩散行为模拟。

本书对从事重气扩散研究及管理的人员具有一定的参考价值，同时可供高等院校相关专业的师生阅读。

图书在版编目（CIP）数据

复杂地形条件下重气扩散数值模拟/宁平，孙昴，侯明明著 . —
北京：冶金工业出版社，2013.8
 ISBN 978-7-5024-6349-6

Ⅰ.①复⋯ Ⅱ.①宁⋯ ②孙⋯ ③侯⋯ Ⅲ.①有毒气体—
气体扩散—数值模拟 Ⅳ.①X51

中国版本图书馆 CIP 数据核字（2013）第 203726 号

出 版 人 谭学余
地 址 北京北河沿大街嵩祝院北巷 39 号，邮编 100009
电 话 (010)64027926 电子信箱 yjcbs@ cnmip. com. cn
责任编辑 郭冬艳 美术编辑 杨 帆 版式设计 杨 帆
责任校对 李 娜 责任印制 张祺鑫
ISBN 978-7-5024-6349-6
冶金工业出版社出版发行；各地新华书店经销；北京慧美印刷有限公司印刷
2013 年 8 月第 1 版，2013 年 8 月第 1 次印刷
169mm×239mm；9.25 印张；175 千字；135 页
29.00 元
冶金工业出版社投稿电话：(010)64027932 投稿信箱：tougao@cnmip. com. cn
冶金工业出版社发行部 电话：(010)64044283 传真：(010)64027893
冶金书店 地址：北京东四西大街 46 号(100010) 电话：(010)65289081(兼传真)
　　　　　(本书如有印装质量问题，本社发行部负责退换)

前　言

　　密度大于空气的有毒有害化工气体或日常生产生活用气（如液化气等）的泄漏会导致事故的发生。密度大于空气的有毒有害化工气体的泄漏更易导致大规模人员伤亡事故的发生，原因在于其较高的密度容易形成爬流聚集在地表附近人口较多区域，不易扩散。

　　关于重气扩散的研究国外开展得比较多，主要集中在讨论不同地形、气候等条件下重气的扩散规律，为安全风险评估和紧急预案的科学设定提供研究依据。国内对于重气的研究尚处于初级的阶段，进行场地实验、风洞实验的并不多。一般采用商用软件进行重气扩散问题的数值模拟研究，但缺乏对与具体扩散情景的模型设计，更缺乏针对适应重气扩散的流体动力学模型算法的研究。目前化工以及环境工程的快速发展，安全生产以及危险事故防范及预警相关工作的重要性凸显，研究重气泄漏扩散的紧迫性日渐突出。

　　对重气泄漏和扩散问题的研究有助于防范危险事故的发生，规避不必要的人员伤亡和经济损失。气体的传递现象与诸多因素有关，具有复杂性和综合性特点，客观、完整、细致的重气泄漏和扩散行为研究能够为风险评估提供科学依据，对风险预报具有重要的理论和现实意义。

　　研究重气扩散的方法主要有：场地实验测试研究、风洞实验模拟研究以及数学模型模拟研究。也有使用数学模型模拟与实验或测试相结合的方法讨论不同类型重气的扩散问题。

　　我们以重气扩散的数学模型为主要研究对象，综述比较了工程模型和研究模型的各自特点；在重气扩散的模型设计规范和模型评价标准的基础上，具体改进提高了二维浅层模型和三维流体动力学（CFD）

模型，并对三维 CFD 模型提出了基于地形形态坐标变换的全新应用方法，同时对重气泄漏喷射产生液滴情况下两相混合流情形建立了液滴云团和气体混合体系的相间传质和传输模型。同时强调了，在浅层模型和 CFD 模型地形和大气边界层湍流对重气扩散的影响。本书主要研究方法包括：重气扩散和传递现象的相关机理分析、针对云南个旧市地形和边界层风场条件的风洞实验、基于守恒律建立数学模型、偏微分方程组算法的数值分析和使用 Thorney Island 场地测试 26 和风洞实验结果与模型比对。

二维浅层模型和三维 CFD 模型各自应用的目的不同。前者属于能够做出快速预报的工程应用模型，后者是完整的机理模型。本书用这两个模型分别对重气扩散工程模型和理论模型的研究，并以应用研究为主，突出具有快速预报应用优势的浅层模型的改进。书中对重气喷射泄漏伴随产生的重气液滴的现象作了讨论，结合两相重气体系中液滴尺寸分布统计平衡、相变能量守恒和相间动态传质三个方面的关系建立两相的重气传播模型。本书所涉及的泄漏源为点源。作为完整的模型研究，本书在充分理论分析的基础上，对流体动力学偏微分方程组算法做出了改进和优化。

本书第 1 章为绪论；第 2 章为个旧重气扩散地形风洞实验和 Thorney 场地测试数据引用；第 3 章为重气扩散相关机理研究和包括传输模型、泄漏源喷射模型和重气液滴云团参与的重气扩散模型的建立；第 4 章为流体动力学偏微分方程组算法优化和改进；第 5 章为分别以存在规则障碍物的 Thorney 场地测试 26 和以曲折山地城市地貌为背景的风洞实验的测试结果为复杂地形条件的两种典型情景，使用实验数据对我们改进的浅层模型和 CFD 模型进行验证的研究；第 6 章为模型对两种喷射泄漏情况的模拟预报研究，这两种情况分别是动态、气态喷射源条件下不同泄漏口面积重气扩散污染模拟比较研究和恒定喷射源条件下存在重气液滴相时的重气和液滴重气云团的扩散行为模拟研究；第 7 章为全书总结。

值得一提的是，本书在算法的研究中，压力修正部分使用了最优化的方法，而最优化方法多被用于经济学等学科的研究，目前尚未见被直接用于算法的研究领域。由于最优化方法有提前设定优化目标的特点，可以说这种方法属于"软科学方法"。同时本书对重气在复杂地形条件下扩散的应用模拟中使用了坐标变换的数学方法，并且在附录中给出了其推导过程。这种方法对于山地地表形态的可导地表曲面条件下的流体动力学问题具有一般性，在应用研究中有理论创新，这使用了"硬科学"数学手段。可以说这种"软硬结合"的研究手段在应用研究中颇具特点——一方面遵守了理论的严整性，另一方面变通适应于实际的预报应用。

本书的研究旨在完善和改进适应于重气扩散、传播的预报和研究的数值模拟手段。研究所形成的算法集成和软件能够成为决策辅助工具，在风险评估和紧急预案制订方面有商业和研究应用的潜力。

本书能够与读者见面离不开大家的支持和帮助，恕我们不能一一列举其姓名，在此向他们表示真诚的感谢。特别提出感谢的是已故南洋理工大学宴蓉博士，她所坚持的规范和务实的研究风格对我们的研究颇有影响；感谢云南师范大学化存才教授对研究当中的数学理论证明部分提出了关键性的修改意见；感谢云南大学王家强教授，昆明理工大学田森林、马丽萍教授，云南师范大学太阳能所李明教授和昆明贵金属研究所张爱敏研究员对本项研究某些细节部分以及书稿修改等方面提出的宝贵意见。

最后，限于作者的水平，本书难免有疏漏和不足之处，敬请广大读者批评指正。

著　者

2013 年 4 月

目　录

1 绪 论

1.1 背景与意义

化工工业以及石油工业中危险有害气体的泄漏灾害时有发生。危险有害气体或液化气在大规模生产、储存以及运输工程当中随时存在泄漏或不可控释放的危险。有害气体进入大气环境将危害人们的生命安全,易燃易爆气体容易导致爆炸和火灾的发生而造成重大经济损失,甚至部分化工气体的泄漏将造成生态问题长期影响环境而难以挽回。特别是重气(Dense Gas 或 Heavy Gas)——密度大于空气的一类有害气体或气体与重气液滴两相混合物质的泄漏的危害更大。《环境影响评价技术导则—大气环境》(HJ2.2—2008)中指出大气污染源排放的污染物按存在形态分为颗粒污染物和气态污染物,其中粒径小于 $15\mu m$ 的污染物亦可划分为气态污染物。重气一类属于大气污染物范畴。

由于重气相对密度大的特点,重气一旦泄漏或喷射,其传播和扩散往往集中在地表附近风速较低、人口较为集中区域,尤其易于造成人员伤害。并且,诸如液化气、液氯等在内的高压存储或低沸点气体,喷射后形成悬浮重气液滴,更易集中在地表附近,难以扩散和被环境大气稀释。表 1-1 总结了近 40 年来部分国内外重大污染气体泄漏事故的概况[1~5]。从表中可以看出,偶发的重气一类污染有害气体的泄漏事故往往带来巨大的人员和经济损失。一些化工泄漏物质在环境中发生反应产生重气有毒、有害气体造成二次污染,如 2001 年大连的三氯氧磷泄漏产生磷酸和氯化氢气体。根据相关统计,在有害化工废气造成的事故当中,约 90% 与重气泄漏有关,重气泄漏造成人员伤亡的占 99.05%[4, 5]。

表 1-1 国内外部分重气泄漏事故概况

年份	地 点	泄漏物质	是否后续发生爆炸事故	人员受灾情况
1979	我国浙江温州电化厂	液氯	无	死 59 人,伤 800 人
1984	印度博帕尔市	异氰酸甲脂	无	死 3150 人,伤 7 万余人
1987	美国得克萨斯市马拉松石油公司	氢氟酸	无	4000 人受灾
1989	美国得克萨斯石油化工厂	异丁烷	无	不详
1991	我国江西省沙溪县农药运输车辆泄漏	甲胺	无	死 42 人,伤 595 人
1998	我国西安市煤气公司液化气管理所	液化气	有	死 11 人,伤 33 人

年份	地　　点	泄漏物质	是否后续发生 爆炸事故	人员受灾情况
2001	我国大连松辽化工公司	三氯氧磷	无	57 人中毒
2002	我国株洲市白石港航运码头	氯气泄漏	无	百余人中毒
2004	我国齐齐哈尔	氯气	无	130 人中毒
2004	我国漯河市郾城县气罐车泄漏	液氯	无	2.4 万人疏散
2004	我国重庆天原化工总厂	氯气泄漏	有	十余人死伤
2004	我国陕西省榆林市神木县天然气 管道被挖裂	天然气	无	4000 人受灾
2005	我国江苏省淮阴市境内京沪高速路 运输车泄漏	液氯	无	死 29 人

参照当时的新闻报道，这里将几个重大重气泄漏事故的情况略作介绍。

（1）1998 年西安市煤气公司液化气管理所液化气泄漏事故。1998 年 3 月 5 日 16 时 38 分，西安市煤气公司石油气管理所存储罐区发生液化石油气泄漏爆燃事故。操作人员巡查，发现 1 个 400m³ 球罐底部喷出液化气，管理所职工和消防人员采取紧急措施但最终未能堵住。18 时 50 分发生第一次爆炸。大火蔓延整个灌区。19 时 25 分发生第二次爆炸，20 时发生第三次爆炸。最终引发 2 台 400m³ 球罐爆裂燃烧。直到 3 月 6 日 6 时火势才得到基本控制。此次事故造成直接经济损失 477 万元，死亡 12 人，受伤 30 人。

（2）2004 年重庆天原化工总厂氯气泄漏事故。2004 年 4 月 15 日下午，重庆天原化工总厂氯氢分厂的工人在操作中发现，某氯气冷凝器出现穿孔，有氯气泄漏。凌晨 4 时左右，发生局部爆炸，大量氯气向周围弥漫。现场 160 名消防官兵立即进行消防控制。由于附近民居和单位较多，重庆市立即连夜组织人员疏散居民，疏散人数达到 15 万。16 日 17 时 57 分，5 个装有液氯和氯罐在抢险处置过程中突然发生爆炸，造成人员伤亡。此次事故共造成 9 人死亡。

（3）2004 年齐齐哈尔市氯气泄漏事故。2004 年 1 月 15 日 17 时许，建华区建华乡光明村高头屯发生有毒气体泄漏事故，这次泄漏事故波及地区村镇总人口 2018 人。事发后警察对现场进行了封锁，波及的有关人员全部疏散到安全地带，进行医学检查并跟踪观察 134 人，其中 13 人出现不同程度中毒症状反应，除 1 人因有高血压和慢性支气管炎原发病反应偏重外，这几名留院观察人员经全力救治病情已经平稳，无生命危险。

（4）2004 年陕西神木县天然气泄漏事故。2004 年 10 月 6 日，神木县神木镇四卜树村发生天然气管道泄漏事故，约有 200 万立方米的天然气泄漏，造成经济损失 600 余万元。天然气泄漏事故的原因是由于装载机司机操作不当，在开挖蓄水池时，弄破了埋藏在地下的天然气管道；管道巡线人员发现不及时而引起的过失事故。

（5）2004 年漯河市郾城县液氯泄漏事故。2004 年 12 月晚一辆满载 49t 液氯的气罐车从河南神马集团氯碱化工有限公司出发，沿洛（阳）界（首）公路自西向东行驶。凌晨 1 时左右该车在郾城县新店镇前丁字路口附近，侧翻路南沟内，造成液氯泄漏。泄漏烟云迅速扩散，大量氯气漫向临近的几个村庄，数万群众的生命财产安全受到严重威胁。泄漏发生 5 个小时内，24200 多名群众安全撤离。

以上事例说明进行重气泄漏安全防范和泄漏后的紧急处理方案研究意义重大，尤其是在工业和经济发展迅速的条件下对重气等有害化工气体的泄漏扩散研究的需要日益紧迫。关于化工有害气体灾害防治的研究中，除了在对化工有害气体的生产、存储以及运输等各个环节加大设备维护、检修和安全设备研发改进等各方面的工作力度以外，灾害预警也是安全防范措施的重要方面。特别是面对灾害的突发性和难以预报的突出问题时，对灾害发生时客观、充分、细致的风险评估以及紧急预案的设置尤为重要。这当中包括危险范围的划定和复杂地形条件对重气云团传播的影响等多方面内容。

重气的扩散行为受到诸多复杂因素影响，并非单一孤立的自然现象。对重气扩散行为广泛和深入研究近年来得到重视。研究重气扩散的方法主要有利用模拟气体进行场地实验、风洞实验以及数学模型的模拟。利用数学模型进行模拟的研究需要对气体扩散行为作充分的机理分析，理论性较强，但由于模型安全、廉价、灵活的特点逐渐被广泛重视。目前计算机技术的迅速发展也为重气扩散数学模型的研究创造了条件。各种研究以重气扩散的不同条件为侧重点分别开展，随着研究的深入，地形和障碍物等的非理想条件下重气扩散、传播研究越发受到重视，当中也不乏强调大气稳定度为影响因素的工作。Steven[6] 等使用流体动力学 CFD（Computational Fluid Dynamics）模型模拟了罐车液氯泄漏，和氯气烟云在有密集楼宇的城市环境扩散的过程。Steven[7] 使用不同的 CFD 模型模拟城市街道楼宇环境中风场的自然分布以及污染物的扩散问题。Chow[8] 等虚拟了地形起伏情况，并结合大气稳定度情况模拟了 CO_2 的扩散行为。Scargial[9] 做了重气在真实山地地貌环境下的详尽的扩散模拟研究，并把日夜温度等参数的周期性变化纳入模型当中。除此之外更多的研究者是将模型作为主要分析手段与实验测试相互结合。如 Ohba[10] 和 Gousseau[12] 各自团队以风洞实验为模型测试配合手段分别研究了存在障碍物环境、城市建筑物环境和复杂山区地形环境条件下的重气污染气体的扩散传播过程。同样不乏以场地实验为模拟情境的研究。Sklavounos[14] 等和 Tauseef[15] 等以设置了立方体障碍物 Thorney Island 场地实验为背景研究了不同 CFD 湍流模型的预报表现。Benjamin 等对液化气 CFD 的模拟研究十分细致，模拟并与实验比较了水面上液化气的扩散。Olav[16] 等考虑了液态泄漏物质形成液池并挥发产生污染气体的效应。Michal Kiša[13] 更加全面地考虑到了重气液滴的传播以及气液相之间的传质。另一方面，Robin 和 Hankin[17, 18, 32~34]等使用相对 CFD 模型较为简化的浅层模型对考虑了地形的影响重气扩散做出大量研究工作。

1.2 重气扩散主要过程和影响因素

重气一旦发生泄漏一般将经历三个过程。

（1）源释放。源释放的形态取决于重气的存贮方式。一般分为气相和液相源释放。高压存储的源释放往往伴随喷射，主要强调的是重气在泄漏口附近高压状态下的喷射过程。

（2）气云形成。气云的形成过程包括多种可能，比如高压液相或高压存储的有害重气在喷射进入环境大气时发生相变形成含液滴的气雾过程，液态物质泄漏形成液池并挥发产生重气气态物质的过程以及直接以气态物质喷射产生气团的过程。

（3）重气扩散。此过程中环境风场、大气浮力以及重气自身重力是其动力学行为的主要影响因素。

总体上讲，重气因其相对于空气较大的分子量或混合密度将紧贴地表作爬流运动。这一特征是重气的传输区别于其他类型污染气体传输的主要特征。在传播的初始阶段或者接近泄漏源附近的区域附近这一特征尤为明显。其次，随着大气卷流的加入，环境大气逐渐稀释重气导致重气与大气的混合密度不断趋于环境大气，直到爬流现象不再显著。所以除环境风场的影响外，可以说爬流和卷流在一定程度上规定了重气的传播形态。更具体地，重气在扩散中的状态或形态受不同条件的制约，这些因素可以细分为：

（1）重气的形成是否是包含相变过程。

（2）是否存在重气液滴。

（3）重气是否产生于液态物质的泄漏而导致的挥发。

（4）重气受重力作用的爬流。

（5）大气风场对重气的输运。

（6）大气湍流现象以及大气稳定度对重气传播的影响。

（7）障碍物对重气传播的影响。

（8）地形对重气传播的影响。

（9）因为液体的挥发和气体的凝结伴随发生的热现象。

（10）传热过程，包括地表对气体的传热。

（11）泄漏源因素，包括泄漏质量流率，泄漏持续时间以及泄漏源范围和几何形态。对于不同情形的重气泄漏问题的研究侧重点有所不同，大部分情形或者重气模型的建立所主要考虑的是重气因重力作用的爬流、大气的携带、地形包括障碍物的影响以及源参量的整合这些重气传播的共同特征和主要方面。从模型的角度上来讲，关于因素（1）到（3）属于源模型范畴。一般来讲，重气模型分成两个部分,即重气的传输扩散模型部分以及源项模型部分。质量、动量和能量的守恒律关系是上述所有内容的最基本物理原理。

特别需要指出的是,地形条件对重气传播扩散有十分显著的影响,在模型理论或实验研究等方面,地形条件常被作为重要的影响因素,而被单独讨论或考察。并且,由于地形的多变性和复杂性,对模型的研究还具有广阔的空间。另外一方面,除了地形如何限制烟羽本身扩散这一客观现象或因素以外,合理地设置围栏或障碍物对污染重气烟羽的扩散限制作用,同样属于复杂地形对扩散现象影响的研究内容,在控制污染物扩散方面有明显的研究意义。

现行的《环境影响评价技术导则—大气环境》(HJ2.2—2008)中指出所谓大气污染物扩散的复杂地形为距离污染源中心点5km内的地形高度(不含建筑物)等于或超过排气筒高度时,定义为复杂地形。对于存在多源情况下的建设项目,简单地形与复杂地形的判断可用该项目几何高度最高污染源的高度作为判别标准。

鉴于复杂地形或地貌较宽的内涵范畴,以及其对重气扩散行为影响的研究尚待深入,本书以复杂地形条件为重气扩散重要的影响因素和研究重点。在建立模型及其理论研究方面,以及相关实验研究方面突出地考察山地和存在障碍物条件下的重气扩散行为。

1.3 重气扩散模型评价标准

使用数学模型研究包括重气在内的污染气体的传播扩散,已经成为风险评估研究的重要组成部分和研究工具。安全、可重复并且成本低廉的模型模拟方法对研究危险有害气体的扩散、进行灾害风险评估优势尤为明显。应该讲,数学模型的研究不同于物理或者数学的理论研究,属于工程应用范畴。其相对于基础科学研究具有特殊性。重气扩散问题,往往涵盖丰富内容,而非孤立、单独的简单现象。工程应用问题本身性质决定了其在理论分析方面带有极大的综合性和系统性,其相应的量化分析手段需要整合多种因素,而在应用和推广方面又需要考虑包括程序设计和计算机应用条件在内的许多实际因素。这表明,不可避免地,同一问题的复杂工程模型关于其所应用的目的,和其所强调现象的主要方面有所区别,而并不唯一。模型的设计带有灵活性。这是工程应用模型研究区别于基础研究的主要特点。另一方面,为保证模型的客观性,关于模型研究应存在公共的评价标准和规范。当中需要囊括对模型科学性的估计,和模型的验证等相关限制和内容。并且评价标准的出现利于模型的开发者在基础科学客观背景之上找到应用依据和客观规范,也便于模型使用者依据其应用领域选择模型。

关于重气模型的科学评价标准或协议(protocol),欧洲的SMEDIS(Scientific Model Evaluation of Dense Gas Dispersion Models)进行得较早[19],并且基于此细化衍生出了属于重气分支——液化气的模型评价准则LNG – MEP(Liquid

Nature Gas Dispersion Model Evaluation Protocol)[16, 20, 21]。以下总结了此两种重气模型的评价准则所共同具备的内容，这也是一般模型设计的基本准则。

（1）科学基础评估。主要包括三个方面，其一，模型以及模型假设对其所关注的基本现象背景描述。在对模型的假设做出归纳之前，模型的设计者尤其需要对其刻画的目标情境做出清晰客观的分析。其二，科学基础。模型所应主要量化的物理量和决定量的确定，和主要物理关系以及其他领域概念和关系的使用必须基于广泛公认的科学基础，模型的设计者应对相关领域科学背景有充分了解。其三，模型应用的指向以及模型的局限。根据模型所主要考察对象的不同，和应用目的的差别应对模型的适用范围和局限做出评估。

（2）模型的确认（verification）。数学模型的建立到模型的求解之间存在计算机算法实现中间环节。模型确认评价的目标是保证计算机算法的结果不与数学理论和形式相悖逆，确保算法适定性（suitability），旨在对数学模型所选择的算法提出检验。

（3）模型验证（validation）。模型验证的一般方法是将模型的结果与实验测量比对，在允许误差范围内给出模型的验证。实验情境必须与模型所考察的客观基础一致。实验数据可以来自公共数据库和设计实验。应当指出，实验验证并不能成功证明模型有效，而只能给出不能证明模型无效的判定。这表示，在条件允许的情况下，应采用多套实测结果验证模型。所以模型的验证步骤能够容易地剔除过于粗糙或简化的模型设计，而对于在科学和数学上设计相对完整模型却难以直接地做出模型无效的判定。

模型的设计需要经历多个步骤，并非单学科的研究内容，具有综合性的特点。图 1－1 给出了模型建立的一般步骤框架的宽泛描述[21]。此框架符合模型设计的一般步骤。对于现象抽象和数学描述的步骤1而言，其中包括了对现象充分的科学分析，对现象主要方面的筛选，选择合适的数学手段直到模型建立等步骤。模型求解和实现步骤2包括了对算法分析的诸多过程。这表明，模型的研究是个复杂的系统工程。研究者或研究团队，除了对相关领域应当具备深厚的科学知识，也需要具备数学技能和对应用数学诸多领域有详细的了解：一方面能够对现有的各种数学工具做出评估，选择适当的数学方法并应用；另一方面当有必要在对现象重新做出分析时具备理论研究的能力。不仅如此，模型的算法设计、算法检验以及最后关于模型的实验检测等，综合了诸多学科应用领域。正因为如此，在实际操作上模型的综述和比较是基本方法，并在此基础上研究者易于提出现有模型的改进和发展。

表 1－2 总结了部分重气扩散场地关于重气的主要实验和测试，其中包括场地实验和风洞实验以及各种测试情境。其中除测试 5、6、8 和 9 之外属于 RE-DIPHEM 数据库[22]，其余测试属于 LNG－MEP 模型协议[20]，皆为重气扩散模型公认的检测参考依据。

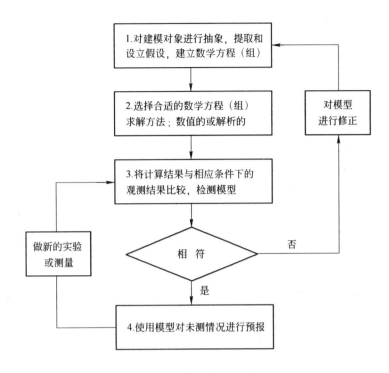

图 1-1 模型设计流程图

表 1-2 部分重气扩散场地或风洞测试概要

编号	名 称	测试号	场地(F)或风洞(WT)试验	是否有障碍物	大气稳定度	泄漏物质
1	Maplin Sands, 1980	27	F	无	C-D	LNG
		34			D	
		35			D	
2	Burro, 1980	3	F	无	B	LNG
		7			D	
		8			E	
		9			D	
3	Coyote, 1981	3	F	无	D-C	LNG
		5			C-D	
		6			D	
4	Thorney Island, 1982	45	F	无	E-F	Freon-12-nitrogen
		47			F	

编号	名　称	测试号	场地(F) 或风洞 (WT)试验	是否有 障碍物	大气 稳定度	泄漏物质
5	Desert Tortoise, 1983	—	F	无	D	液氨
6	Eagle, 1983	—	F	无		N_2O_4 释放经化学变化 成为 NO_2
7	Falcon, 1987	1	F	有	G	LNG
		3		有	G	
		4			D - E	
8	CEC MTH project BA field experiments, 1988 ~ 1989	—	F	无	E - G	丙烷
		—	F	有	E - G	
9	EC Major Technological Hazards project BA and FLADIS experiments, 1991	无障碍	WT	无	D	SF_6，空气与 SF_6 混合气体
		障碍		有		
		斜面		有		
10	CHRC, 2006	A	WT	无	D	CO_2
		B		有	D	
		C		有	D	
11	BA - Hamburg	无障碍（DA0120）	WT	无	D	SF_6
		无障碍（DAT223）		无	D	
		上风围栏（039051）		有	D	
		上风围栏（039072）		有	D	
		下风围栏（DA0501）		有	D	
		下风围栏（DA0532）		有	D	
		环形围栏（039094）		有	D	
		环形围栏（039095）		有	D	
		环形围栏（039097）		有	D	
		斜面（DAT631）		无	D	
		斜面（DAT632）		无	D	
		斜面（DAT637）		无	D	
		斜面（DAT647）		无	D	
12	BA - TNO	TUV01	WT	无	D	SF_6
		TUV02		有	D	
		FLS		无	D	

1.4　重气扩散模型

1.4.1　泄漏源模型

一般重气扩散问题所考察的源类型有多种分类。从泄漏口的空间分布的角度上，有点源泄漏、线源泄漏和面源泄漏；在时间的连续性上，可分为连续源和非连续源。由于存贮环境的热力学状态与环境状态的差异，以及泄漏物质本身的物理性质的因素，泄漏的过程多伴有泄漏物质的相变发生。随泄漏物质本身性质的不同，将出现闪蒸、凝华等现象，甚至由于可能产生的重气液滴，而形成两相流。实际上，对于含有重气液滴并处于气、液两相相平衡状态的流体，因其相对于空气较高的平均密度及其扩散方式，所以伴有重气液滴的高密度化工废气也被广义地划分为重气。这意味着，对于泄漏源的划分必须从其对扩散和传输影响的角度上，考虑物质的存贮和可能导致的物相变化，并同时考虑可能发生的化学反应。从泄漏物质的物化性质及热力学机理的角度上泄漏源可分为 5 大类：

（1）环境压力及温度下，相对高沸点物质的液态流体的泄漏，并在环境中缓慢挥蒸形成气体污染物；

（2）环境压力及温度下，相对低沸点物质的气态泄漏，直接传输至大气；

（3）物质以相饱和状态的泄漏，以液体、气体或气－液混合状态进入环境大气；

（4）高压储存的物质，泄漏时在环境大气压力下闪蒸成气态，进入传输扩散过程；

（5）泄漏物质与环境水蒸气反应，形成新物质进入扩散传输过程。比如常见的危险化工气体：Cl_2、SO_2、NH_4 等常以高压液态形式存贮于气罐中，如泄漏将瞬间气化，或以气态或以气体伴有重气液滴形式进入环境。再如 65% SO_3 泄漏时其与环境水蒸气反应，反应物以重气液滴与气体共存形式存在，属于最后一种类型。

化工有害气体多以高压状态储存，目的是人为降低其沸点以迫使其成为液体而减少储存体积，而且，除了压力，储存罐中物质的状态还取决于环境温度。这类常储存于高压环境气体中，随存储压力的不同储存器皿内的物质有以下几种可能的状态：

（1）气态（superheated steam）；

（2）高压状态下的过冷液体（subcooled liquid），即所谓液化气；

（3）处于相饱和状态的气－液共存体；

（4）较为少见的可压液体。

在泄漏发生时，由于罐体内外的压力差，物质状态立即发生改变。除了上述第一种和第四种储存状态不会形成气－液两相流以外，其余几种情况皆有可能产生液滴。

除了喷射泄漏存在的相变过程外，泄漏口内外压差较大时还存在流速受阻碍的滞塞流现象。当滞塞流发生时，泄漏流速不取决于存储罐内外环境之间的压差，只取决于罐内压力和温度。即存在一个极限压力，当外界压力小于此压力时流速不再增加。而此时的流速正是当前热力学状态下介质的声速。

Britter 和 Leung 等人[23, 24]建立了一种考虑不同喷射流流速的模型，模型根据滞塞流和相变等诸多复杂因素，给出了包括质量流率、密度（或比体积）和不同条件下饱和气液质量比等诸多关键参数与环境压力、环境温度等外在条件的关系。Britter 等叙述的方法为 ω 方法。ω 方法对于不同条件下两相、多种热力学状态的动态问题，以 ω 为变量分泄漏的各种情况讨论，并给出了不同泄漏条件的判定准则。ω 取决于罐内、外密度比和压力比，并基于此参数给出滞塞流发生条件。

ω 方法需要根据存储压力、环境压力以及存储物质的饱和蒸汽压之间的关系决定泄漏类型，再根据泄漏物质本身的物理性质判定是否发生滞塞流现象，进一步得到单位面积上的泄漏质量流率（单位 $kg/(s \cdot m^2)$）[23, 28]。ω 方法的基本模型需分情况讨论，现以表 1-3 形式给出不同泄漏类型条件下泄漏质量通量的 ω 计算公式。

表 1-3　不同泄漏类型计算重气泄漏质量通量的 ω 方法

泄漏类型	压力判定	滞塞流临界值判定	泄漏质量流率通量 $G/kg \cdot s^{-1} \cdot m^{-2}$
气态物质泄漏	$p_s > p_{in} \geqslant p_{out}$	$\eta > \eta_c$	$C_D \sqrt{2 \dfrac{p_{in}}{v_{in}} \left(\dfrac{\gamma}{\gamma - 1} \right) \left[\left(\dfrac{p_{out}}{p_{in}} \right)^{\frac{2}{\gamma}} - \left(\dfrac{p_{out}}{p_{in}} \right)^{\frac{\gamma+1}{\gamma}} \right]}$
		$\eta < \eta_c$ 滞塞流	$C_D \sqrt{\dfrac{p_{in}}{v_{in}} \gamma \left(\dfrac{2}{\gamma + 1} \right)^{\frac{\gamma+1}{\gamma-1}}}$
泄漏发生相变	$p_{in} > p_s \geqslant p_{out}$	$\eta_s > \eta_{sc}$	$\dfrac{\sqrt{2 p_{in} \rho_{lin} \left[1 - \eta_s - (\omega_s - 1)(\eta_s - \eta) + \omega_s \eta_s \ln (\eta_s / \eta) \right]}}{\omega_s (\eta_s / \eta - 1) + 1}$
		$\eta_s < \eta_{sc}$ 滞塞流	$C_D \sqrt{2 p_{in} \rho_{lin} (1 - \eta_s)} = C_D \sqrt{2 \rho_{lin} (p_{in} - p_s)}$
气液共存泄漏	$p_{in} = p_s \geqslant p_{out}$	$\eta > \eta_c$	$\dfrac{\sqrt{2 p_{in} \rho_{lin} \left[-(\omega - 1)(1 - \eta) - \omega \ln \eta \right]}}{\omega (1/\eta - 1) + 1}$
		$\eta < \eta_c$ 滞塞流	$\eta_c \sqrt{p_{in} \rho_{lin} / \omega}$
液态物质的泄漏	$p_{in} \geqslant p_{out} > p_s$	—	$C_D \sqrt{2 (p_{in} - p_{out} + \rho_1 g h)}$

表 1-3 中变数 ω：

$$\omega = (\rho_{in} / \rho_{out} - 1) / (p_{in} / p_{out} - 1) \tag{1-1}$$

两相饱和情况下：

$$\omega = c_{\mathrm{pl}} T_{\mathrm{in}} p_{\mathrm{in}} \rho_{\mathrm{lin}} \left(\frac{v_{\mathrm{gin}} - v_{\mathrm{lin}}}{h_{\mathrm{glin}}} \right)^2 + \alpha_{\mathrm{in}} \left(1 - 2 p_{\mathrm{in}} \frac{v_{\mathrm{gin}} - v_{\mathrm{lin}}}{h_{\mathrm{glin}}} \right) \tag{1-2}$$

式中，ρ 为泄漏或存储物质的密度；下标"in"和"out"标记存储罐内外的物理量。表 1-3 中以内外压力比值为泄漏情形的判别变量：

$$\eta = p_{\mathrm{out}} / p_{\mathrm{in}} \tag{1-3}$$

当泄漏物质以气体状态存在并不发生相变是以临界判别参数 η_c 与变量 η 之间关系判定喷射过程是否发生滞塞流现象，不同的泄漏类型 η_c 值存在不同的估计方法[23]，两相流情况下的估计最为复杂，需要求解二次方程并讨论。对于过冷液体存储状态的泄漏情况，表 1-3 中饱和压力比值为：

$$\eta_s = p_s / p_{\mathrm{in}} \tag{1-4}$$

下标"s"标记相饱和状态物理量。闪蒸发生时，滞塞流判定参数：

$$\eta_{\mathrm{sc}} = \frac{2\omega_s}{2\omega_s + 1} \tag{1-5}$$

以及：

$$\omega_s = c_{\mathrm{pl}} T_{\mathrm{in}} p_s \rho_{\mathrm{lin}} \left(\frac{v_{\mathrm{gin}} - v_{\mathrm{lin}}}{h_{\mathrm{glin}}} \right)^2 \tag{1-6}$$

式中，c_{pl} 是液体热容；ρ_{lin} 是罐内液态物质密度；v_{gin} 和 v_{lin} 分别是气态和液态喷射物质的比体积；h_{glin} 为在温度 T_{in} 状态下的挥发热。

过冷液态储存物质的泄漏流率建模表述最为复杂，需要界定闪蒸发生的剧烈程度。ω 方法将闪蒸的剧烈程度按照存储压力相对于物质的相变饱和压力的高低分为两种：在存储压力和温度固定的情况下饱和蒸汽压较低的物质泄漏时发生闪蒸较弱，反之闪蒸比较剧烈。在第一种条件下，闪蒸表现为此物质在罐体内部接近泄漏出口处已经逐渐发生闪蒸，第二种情况下闪蒸表现为物质到达泄漏口的低压区域才立即剧烈发生闪蒸。这说明，只有当闪蒸发生剧烈的前提条件下滞塞流才有可能发生，这种条件下罐体内外压差巨大。

ω 方法中相饱和状态存储物质流率模型是过冷液态模型的特例，而且满足等熵假设。这种条件是环境压力等于存储物质的饱和蒸汽压的特殊情况。此时罐内物质在到达泄漏口之前已发生相变，或称弱的闪蒸。所以在数学形式上，饱和态泄漏模型是过冷液态泄漏模型取特殊参数时的退化形式。

表 1-3 中 C_D 被称为泄漏系数。实验观测单相液态不可压流的小孔喷射泄漏表现出缩流（vena contracta）现象，即表现出泄漏直径的上限（或称最小有效泄漏直径）小于泄漏口直径。此直径存在于流体流经阀节流口流速最高、静压最低的缩流断面处。所以采用常数 C_D 对 Bernoulli 形式的喷射流率的校正。Richardson[25] 对天然气混合丙烷的两相流的泄漏实验研究显示，从统计学意义上泄

漏系数与质量流率并无明显相关性，而与物态组成有明显相关性——泄漏系数随液态质量分数增加而递增，直到两者都达到 1。Fauske 等[26]对过冷液体储存的物质喷射流率的研究也同样使用了表 1 - 3 对应泄漏类型的模型，并与实验结果比对。Fauske 使用 $C_D = 0.6$ 得到的测算结果与实验十分接近。但是当 p_{in} 减小到 p_s 附近时，闪蒸变得较弱时，Fauske 基于并对 Bernoulli 形式作了修改，而来自压力做功假设的 Bernoulli 形式更适合于液态物质流率，在蕴含相变的 p_{in} 减小的过程中物质泄漏的类型已经发生改变，这与 ω 方法依据泄漏类别分类建模差别较大。

在泄漏质量流率模型当中除了上述 ω 方法还有 HEM 均相平衡模型（Homogeneous Equilibrium Model）。HEM 与 ω 方法相比在建模思想上最大的不同在于，ω 方法通过定义临界值分情况讨论，而 HEM 将气液两相的物质视为一体，即"均相"。关于过冷液体的喷射流，HEM 模型的质量流率的表达如下[25]：等熵条件下的出口处单位质量喷射物质的最大可能动能：

$$\frac{u^2}{2} = \left(\frac{\partial p}{\partial \rho}\right)_S = -\left(\frac{v \partial p}{\partial \ln v}\right)_S \tag{1-7}$$

式中，$v = 1/\rho$ 是比体积。容易从其积分形式读出其物理意义：单位质量的均相物质在压降和体积膨胀的过程中，喷射物质的流速从 0 所能够达到最大速度的动能即完全来自于除以膨胀系数后的这部分体积力所做的功。这样，HEM 出口的喷射流模型给出的单位元喷射口面积上的质量流率为：

$$G = C_D \rho_{in} u \tag{1-8}$$

Richardson 认为对于单相流 HEM 与 ω 方法的结果差别较大，而且前者的计算复杂。Lenzing 等[29]比较了 ω 方法与 HEM 模型的差异，认为 ω 方法的优点在于计算上比较直接，方便工程测算而 HEM 方法则需要依赖大量的物质热力学参数，这增加了测量的工作量。

总体来讲，两者追求表现出不同物质喷射流的共性，同样需要大量的基础数据作为支撑，特别是后者[29]。两者所承认的物理背景有相同之处。具体地，除了绝热和等熵假设，ω 方法和 HEM 都认为：

（1）在喷射相变过程中由于液态与气态物质之间质量传递非常迅速，以至于喷射物质总是保持在当时压力和温度条件下的相平衡状态，而忽略相间质量传递过程[25]。

（2）喷射源附近液态物质与气态物质处于相同流速条件下，忽略存在两相物质之间的滑流现象。

喷射源模型是重气泄漏、传播模型的重要组成部分，很大程度上决定重气扩散方式。泄漏源模型应以模式化方式与重气传播模型整合，泄漏源模型综合考虑对泄漏源问题的简化和对源信息刻画的完整性两方面的内容。

1.4.2　重气扩散模型

从扩散 – 传输现象的理论和研究本身上来讲，基本上重气扩散的模型可以分类为 CFD 模型、浅层模型、积分喷射模型、箱式模型和烟羽模型以及最为简陋的唯象模型 6 类。任何模型都必须在不同程度上体现或者保证质量、能量以及动量的守恒律机理。在应用方面，模型的设计需要考虑两方面的关系，其一，模型应尽可能完整地对机理和过程细节的体现和把握；其二，应考虑对包括计算机存储量、计算机编程难度在内的计算成本的控制，并在不同程度上对这两方面做出折中和调整。

气态物质的运动本身符合流体动力学（CFD）规律，这其中主要原理是质量、能量和动量在任何时刻，任何范围内的各自满足自身守恒关系，其中包括完整形式的 Navier Stokes（N – S）方程；其次，这三个基本物理量的传递可以主要归类于输送和扩散两种方式，扩散对于动量而言体现为流体的黏性。守恒律和传递方式这两点能够完整描述气态物质的层流，甚至包括湍流运动。

CFD 模型以物理原理为基础，其数学形式是抛物型偏微分方程组，这种数学形式虽然完整刻画了流体的传递和扩散所有动态过程，但关于它的计算和求解却十分困难。具体地，CFD 流体动力学模型的基本控制方程组由 N – S 方程，以及质量连续方程和能量守恒方程组成。由于此偏微分方程组目前并无解析解，其经过算法离散后需要通过计算机迭代求解，而其对计算机存储和计算时间的成本要求较高，包括在编程的难度上要求也很高。

浅层模型的优势在于能够将气体在三维空间的传输问题简化为气体二维传输问题，结合重气主要在地表附近爬流的传播特点，专注于地表附近，地表面上的重气运动，并在垂直方向上通过解析形式的分布函数对垂直方向的重气扩散和分布进行量化和建模。浅层模型基本思想是模拟著名的浅水模型[30,31]。浅层模型以水体高度为变量，能够表达不同地形条件下浅水的流动动态特征。重气扩散的浅层模型，引入重气的平均高度变量，在此高度范围内用重气的密度和温度（能量）的平均值建立水平面或地表面的守恒律模型方程组。各平均值变数在地表和水平面上的二维域上的传递速率由二维的 N – S 方程决定。实际上，当近似并平均地认为在环境大气中传播的重气与空气的混合气体满足不可压条件时，此模拟与浅水模型所增加的混合气体高度变量和高度方程，体现了不可压气体的体积守恒规律。浅层模型符合物理实际，操作性、实用性强，是简化的和完整的 CFD 模型与其他模型的折中。目前比较完善的浅层模型有 TWODEE[22,32~34]码和 DISPLAY – 2[35]码。

对于泄漏重气，积分喷射模型意图保证在喷射烟羽中心在线各量的守恒条件。通过规定或函数化单位时间通过烟云截面积的量，在中心在线建立动量、能量和组分的质量守恒律方程，并将其作为下风距离和时间的函数。另一方面，对于垂直于喷射速度方向（或烟云中心线）的截面上的重气分布采用解析的分布函数方式模式化，如高斯分布均匀分布或者其他分布类型。与其他模型比较，其在高速喷射源问题的处理上比较细致。缺点在于，模型结果很大程度上依赖于对喷射中心线即喷射运动轨迹的估计，对截面上使用烟羽分布函数带有一定主观经验性，在下风距离处较远于喷射源位置上模型将产生较大误差。而且积分喷射模型不能结合处理复杂地表和障碍物[35, 36]。

其他模型关于重气的扩散传质缺乏充分的机理揭示和预报准确性。箱式模型适应性较差，尤其是唯象经验模型已鲜有使用；相对来说比较著名的高斯烟羽模型以及基于此改进的高斯重气扩散模型应用比较广泛。实际上，在理论上高斯随机过程分布函数是组分扩散（偏微分）方程的柯西问题的一个解，也就是求解域的范围不受限制，无边界条件情况下的组分扩散方程的解析形式[37]。此解给出了相对于扩散源其他位置上的浓度分布随时间变化情况。对于有界范围的组分扩散方程的理论解与高斯函数有关，其意义是，某个固定位置的浓度是范围内所有其他位置为扩散的点源，以高斯方式叠加初值浓度对当前位置浓度贡献的总和。因此一般有限范围内的组分浓度方程的解具有高斯分布的在整个扩散域上积分的形式。高斯模式只是污染物质浓度分布理想化的特例，其对于动量、能量（温度）和整体质量的传递无法解析。模型对其他变量的修正的依赖程度较高，虽能够与其他边界层模型结合，但需要引入诸多参数，准确性较低。最近 Steven Hanna[38] 等使用高斯模型对美国两个城市场地测试数据进行预报，在不同地方存在明显误差。对于紧急情况的预报高斯模型仍保持快速预报的优势[39]。

除此之外还有诸多统计模型或称拉格朗日粒子模型（Lagrangian Particle Dispersion，LPD）以虚拟离子做扩散的模拟。统计粒子模型假定单个离散粒子代表一定质量或浓度分数的重气组分，并在计算域中设定颗粒粒子的总数目，以颗粒的随机游走的维纳过程模拟重气的扩散过程。样本颗粒总数目的限制体现出质量守恒关系，对各样本点轨迹的记录需要大量的计算机存储量，模型也并不完整，需要另外引入环境气流风场数据，LPD 模型是高精度 CFD 模型和积分喷射模型的折中。Anfossi 等人[40] 针对重气高密度并受大气浮力作用的特点改进了 MicroSpray LPD 模型，应用于重气在复杂地形的模拟并以 Thorney Island 和 Kit Fox 场地实验数据为验证，表示模型与其他重气模型有相同水平的精度。Changhoon Lee 等[41] 着重利用静压能假设和大气分层结构改进粒子模型，并考虑了中性大气条件下的卷流，模拟结果与 Thorney Island 实验比对，在平地上得到了较好的验证。

因计算机技术的发展，相对于计算成本而言，工程预报对模型的预报精度和机理揭示两方面的要求逐步提高。CFD 模型日益受到重视，同时相对高效的浅层模型在计算速度上有明显优势。此两类模型最大程度上体现了流体动力学的守恒律基本原理，前者作为研究模型的地位不可替代，后者属于完整机理模型和简单工程模型的折中。

由于重气当中常伴有重气液滴，液态物质和气体共同存在于重气体系，其传输过程复杂。重气模型除了需要对气态物质进行量化研究以外，同样需要得到充分的关注重气当中伴有的重气液滴相。目前存在含有气溶胶液滴普通模型，称GDE（General Dynamic Equation）[42]，当中涵盖了所有可能尺寸的气溶胶或颗粒之间以及气溶胶与气态组分之间的传质。GDE 模式化了挥发、凝结、沉降等诸多机理。GDE 模型数学形式为积分－偏微分方程组，目前无法解析求解，且在数值模拟的算法实现上也无一般方法可寻。基于此难以求解的形式派生出诸多模型或计算方法，为强调不同种类气溶胶某几方面性质而设计的派生模型。这些模型基本思想在于按照尺寸定义不同气溶胶，以不同尺寸分类或分段定义气溶胶及其之间的关系，细分问题，在局部上表述物理机理，模式化各类气溶胶的动力学以及相互之间的传质行为。这种方法是在整体上处理 GDE 中的关于气溶胶尺寸的积分[43]；或者通过使用概率分布函数的方式重新表述问题，如著名的Monte Carlo 方法[44, 45]。以 GDE 为理论框架的含气溶胶的气体两相流的模型的设计尚处于应用研发阶段。关于重气领域的应用，Kiša[13] 的模拟研究中结合了重气液滴相。所使用的模型以一定数量颗粒单元代表重气液滴，并模式化了重气液滴与气态物质之间的传质，应属于基于 CFD 模型整合重气液滴离散颗粒模式的气－液两相模型。其在 Lagrange 随体坐标的相对视角上，对任意颗粒进行外力分析，并考虑到液滴的挥发对液滴能量的减小影响，以及液滴与挥发气体之间的传质。已经是一种对液滴传播机理描述较为完整的模型，但是此模型过于复杂，只有当有足够多的离散的模拟液滴作为样本时，模型结果才有参考意义。在魏利军[2] 所给出含液滴相的气－液两相模型中，重气液滴被整体视为重气体系中的一种组分，与气态的重气组分并列，以 CFD 组分方程体现。但其中对包括挥发、凝结等现象在内的气、液两相之间的传质过程及其相关模型并无完整阐述。

除了整体传输以外，气－液两相之间的传质过程是个复杂的动力学过程，其中包括重气液滴挥发、凝聚等诸多机理，甚至认为此与颗粒的尺寸相关[46]，目前仍难以找到固定的模型能够统一不同种类液滴的传质过程。Edouard Debry 等[47] 所使用的大气重气液滴扩散 SIREAM 模型中所描述相间传质的形式比较复杂，考虑了 Kelvin 效应，对液滴表面的挥发气体浓度进行了换算。但传质速率同样取决于溶解挥发物质液滴内外浓度或压力的差别。Kiša 等[13] 直接使用液滴内外浓度差正比于气液两相之间氨组分的质量传递速率。总体来讲相间传质应当考虑重气液滴尺寸和可挥发物质内外压力差和 Kelvin 效应。

含气溶胶相重气的传播是个复杂问题，目前对此模型的研究仍是开放的课题。对于考虑重气液滴的重气研究，重气液滴部分应当得到必要的简化，建模应当突出重气－液滴体系的整体传输动态过程，强调液相作为一个整体，相对弱化不同尺寸液滴之间的作用。总之所有的传输、扩散甚至包括重气液滴的两相间的传质模型，物质的质量、动量和能量的守恒律是模型的基本物理原理。除了建模对象的特殊性之外，不同种类的模型都需要平衡计算机计算效率和守恒律机理的完整性和客观性之间的关系，不同模型分别体现对此两方面的不同侧重。

目前《环境影响评价技术导则—大气环境》（HJ2.2—2008）推荐的空气质量模式主要包括 ADMS、Aermod、CALPUFF 几种。这些模式的基本数学背景为高斯烟羽模型，并在此基础上进行改进增补。模式并不专门局限于重气的扩散模拟，而其所考察的对象为一般污染物的排放，并考虑到含有颗粒物或者雨滴等液滴沉降过程。模式属于工程预报模型，计算速度较快，但准确性较低。这是由于这些模式代码所采用的模型并不是守恒律模型的缘故。另一方面，针对重气污染物的扩散和传播的细分问题，导则并没有给出专门的应用模式。

具体地讲，首先 ADMS（大气扩散模式系统）是一个三维高斯模型，以高斯分布公式为主计算污染物浓度，在对非稳定条件下的垂直扩散使用了倾斜式的高斯模型。烟羽扩散的计算使用了当地边界层的参数而需要另外输入，化学模块中使用了远处传输的轨迹模型和箱式模型。该代码可模拟计算点源、面源、线源和体源，模式考虑了建筑物、复杂地形、湿沉降、重力沉降和干沉降以及化学反应、烟气抬升、喷射和定向排放等影响，可计算各取值时段的浓度值，并有气象预处理程序。

ADMS 主要包括以下几个部分：

（1）气象输入模型（Meteorology Input Modle）。针对预报污染物浓度的扩散模型引入环境大气系统的气象参数，这些包括环境风速、风向、地表显热流等参量。

（2）单泄漏源平均浓度模型，多泄漏源模型。

（3）烟羽升模型（Plume Rise Modle）。烟羽升模型主要预测热流泄漏物质的连续喷射泄漏过程的泄漏轨迹以及浓度等指标，其主要的数学模式有积分喷射模型。其关于大气卷流的模型描述取决于环境和大气湍流，外在风速和温度随高度变化。

（4）干沉降模型主要适用于存在颗粒物条件下的污染气体扩散问题。模型关于沉降速度的确定是重点，其具体形式请参见 ADMS 用户手册。

（5）湿沉降模型适用于存在降雨条件下的污染气体扩散问题。湿沉降模型通过引入冲失区域参数（washout coefficient）描述存在降雨条件下，在参与在降雨区域中污染物质的量，而这个参数又取决于一系列大量的其他参数，包括污染物的物化参数、污染浓度、雨滴密度、降雨速率、液滴尺寸的分布密度等等，并且其假设降雨速率是个常数。ADMS 指出这个模型更加适用于颗粒物的污染预报而非气体。

（6）不同几何形态的源条件模拟方式。模式代码对面源、线源、体源都有所考虑。

（7）街井模型（Street Canyon Model）。这种模型用于预报在建筑物之间、街道环境中的污染物扩散问题。其数学背景仍然没有离开高斯烟羽模型，在此基础上模型需要细致地考虑街井的几何形态，根据几何形态的不同需要调整诸多描述湍流和扩散等等的参数。

（8）复杂地形模型。模型考虑了流体的分层结构。模型需要对地形在 64 × 64 的网格上进行对地形几何形态的插值。其大气流场部分的参数需要通过现场实测或实验室测定。在复杂地形上的烟羽传播参数来自于使用微分方程所估算的平地条件的参数，微分方程考虑了因为地形因素所影响的平均风速的变化和湍流现象。

（9）楼宇效果模型。

（10）化学模型考虑了氮氧化物，有机化合物的化学反应。ADMS 模型嵌于一个更大的城市尺度计算区域当中，这里一个简单的拉格朗日箱式模型被用于计算主要模型考察区域内的大气背景浓度，这个区域整体考虑到了氮氧化物以及挥发性有机化合物，以及它们所参与的化学反应对大气质量的影响。

其次，Aermod 代码是一个适用于定场的烟羽模型，是一个模型系统，包括三个方面的内容：AERMOD（AERMIC 扩散模型）、AERMAP（AERMOD 地形预处理）和 AERMET（AERMOD 气象预处理）。AERMOD 特殊功能包括对垂直非均匀边界层的特殊处理，不规则形状面源的处理，对流层的三维烟羽模型，在稳定边界层中垂直混合的局限性和对地面反射的处理，在复杂地形上的扩散处理和建筑物下洗的处理。AERMET 是 AERMOD 的气象预处理模型，输入数据包括每小时云量、地面气象观测资料和一天两次的探空资料，输出文件包括地面气象观测数据和一些大气参数的垂直分布数据。AERMAP 是 AERMOD 的地形预处理模型，仅需输入标准的地形数据。输入数据包括计算点地形高度数据。地形数据可以是数字化的地形数据格式，美国地理观测数据使用这种格式。输出文件包括每一个计算点的位置和高度。计算点高度信息用于计算山丘对气流的影响。数学背景上，Aermod 对污染物扩散浓度的总量是由三个浓度的加和来表达，它包括：直接影响、间接影响和穿透源对总浓度的贡献。而直接影响和间接影响还有穿透源浓度的贡献值的具体形式都是带有加权平均的高斯浓度分布模式。Aermod 模型处理复杂地形曲面对浓度的影响使用的是平均化的方法。具体讲，浓度的值是用平地的扩散浓度与受地形直接影响的浓度的平均值所表达的。

其三，CALPUFF 代码是多层、多种非定场烟团扩散模型，模拟在时空变化的气象条件下对污染物输送、转化和清除的影响。CALPUFF 适用于几十至几百公里范围内的污染气体的污染评价。它包括地形的影响和长距离输送的影响。前者使用次层网格区域的计算方式，后者包括干湿沉降所导致的污染物清除、化学转变和颗粒物浓度对能见度的影响等因素或条件。CALPUFF 基本原理为高斯烟团模式，利用在取样时间内进行积分的方法来节约计算时间，输出主要包括地面和各指定点的污染浓度烟团分裂利用采样函数方法对烟团的空间轨迹、浓度分布进行描述；烟云抬升采用 Briggs 抬升公式（浮力和动量抬升），考虑稳定层结中部分烟云穿透，过渡烟云抬升等因素。CALPUFF 对复杂地形需要的地形资料包括地表粗糙度、土地使用类型、地形高程、植被代码。对于气象背景资料 CALMET 需要输入评价范围内的气象背景初始值，之后进行地形动力、倾斜流、地形阻挡作用的调整得到第一步的气象要素场，用评价范围内的地面和探空常规气象观测资料对第一步气象要素场进行修正，得到最终的评价范围气象要素诊断场。CALPUFF 可以处理点源、线源、面源、体积源。考虑干湿沉降等因素。源的数据格数与 AERMOD 一致。

由于导则所推荐的模型主要以高斯烟羽模型为基础，在理论和实际预报上尚存在较大完善的空间。特别是如何将守恒律模型结合到风险评估或紧急预案设置当中：一方面体现守恒模型的理论完备性，预报准确性；另一方面规避守恒律模型耗费较多计算资源的缺点。关于此的研究在理论与实际有机结合方面有明显的意义，而且对于此的研究和探讨有尚存在广泛空间和深入挖掘的潜力。并且，导则所公开推荐的模型并不完全针对重气的扩散和传输。本书以质量、动量能量的守恒律为最基本的物理原理，对所考察的重气扩散的污染评价问题，在原有的模型基础上针对风险评估和紧急预案设定的特点，进行了进一步的提高和改进，具有现实和理论意义。

1.4.3　大气边界层量化研究

1.4.3.1　大气边界层风场的解析理论

污染物在开放环境中的扩散与大气边界层整体的环境风场和温度场条件密切相关。大气边界层风场和温度场解析理论以 Monin - Obukhov 相似理论较为盛行，并被广泛应用[48]。Monin - Obukhov 相似性理论认为在定常、无辐射、无相变近地面层湍流状况取决于机械运动和热力学关系，以量纲分析的方法，给出近地面气流物理要素的近似垂直分布律。具体地，水平平均风速和位温的普通廓线方程为：

$$\frac{\kappa z}{u^*}\frac{\partial \bar{u}}{\partial z} = \varphi_m\left(\frac{z}{L_{MO}}\right) = \varphi_m(\zeta) \tag{1-9}$$

$$\frac{\kappa z}{\theta^*}\frac{\partial \bar{\theta}}{\partial z} = \varphi_h\left(\frac{z}{L_{MO}}\right) = \varphi_h(\zeta) \tag{1-10}$$

式中，ζ 是稳定度因子无量纲参数，为铅直高度 z 与 Monin – Obukhov 长度 L_{MO} 的比值，此与 R_i 数有直接的对应关系[49]；κ 为 Kármán 常数；u^* 为摩擦速度；θ^* 为特征位元温；φ_m 和 φ_h 分别为风速和位温的无量纲化梯度函数。根据式（1 – 9）和式（1 – 10）可以得到水平平均风速和平均位温的垂直分布律的解析形式，即著名的对数分布率：

$$\overline{u} = \frac{u^*}{\kappa}\left[\ln\frac{z}{z_0} - \psi_m(\zeta)\right] \tag{1－11}$$

$$\overline{\theta} = \overline{\theta}_0 + \frac{\theta^*}{\kappa}\left[\ln\frac{z}{z_0} - \psi_h(\zeta)\right] \tag{1－12}$$

当中修正函数 ψ 的定义来自对无量纲梯度函数的积分[49]，然而以积分方式定义的 ψ 并不宜用于实际的估算，其具体形式往往来自于野外观测的资料的拟合。而 ψ 通常是稳定程度的分段函数，根据稳定度因子 $\zeta = z/L_{MO}$ 分属正负情况分别定义。其中，相对来讲因为普遍承认的位温 Businger 修正函数形式被主要采用，Monin – Obukhov 理论的温度廓线形式（1 – 13）比较单一。位温修正函数为：

$$\psi_h = \begin{cases} 5\zeta & \zeta < 0 \\ 2\ln\left(\dfrac{1+X^2}{2}\right) & \zeta \geqslant 0 \end{cases} \tag{1－13}$$

当中记号 $X = (1 - 9\zeta)^{1/4}$。关于 Monin – Obukhov 风速垂直分布率，速度的理论修正函数 ψ_m 随稳定度的不同被模式化为各种不同的经验公式。根据修正函数的具体形式，风廓线式（1 – 11）有多种派生形式，多适用于较为稳定的大气边界层。现将在诸多文献中出现的，于不同情况下应用的修正函数 ψ_m 形式总结如表 1 – 4 所示。

表 1 – 4　Monin – Obukhov 风廓线风速修正函数与其所适用的稳定度范围

Monin – Obukhov 风廓线风速修正函数 ψ_m	稳 定 度			备　注
	B 到 C 类	D 类	E 和 E 类以上	
	不稳定 $\zeta < 0$	$\zeta = 0$	稳定 $\zeta > 0$	
Hicks[55]	$2\ln\left(\dfrac{1+X}{2}\right) + \ln\left(\dfrac{1+X^2}{2}\right)$ $-2\arctan(X) + \dfrac{\pi}{2}$	0	$-C_1\dfrac{\ln(\zeta)}{\zeta} + \dfrac{1}{2\zeta^2} + C_2$ $\zeta > 0.5$	$X = (1 - A\zeta)^{\frac{1}{4}}$ $A = 15^{[51,\,55]}$ 或 $16^{[57]}$
Bosch&Weterings[57]		0	$-B_0[1 - \exp(-B_1\zeta)]$	$B_0 = 17$
Businger[51, 55]		0		$B_1 = 0.29^{[57]}$
Irwin[59, 60]	$2\ln\left(1 + \dfrac{X}{2}\right) + \ln\left(1 + \dfrac{X^2}{2}\right)$ $-2\arctan(X) + \dfrac{\pi}{2}$	0	$B_2\zeta$	$B_2 = -5^{[51]}$ 或 $-4.7^{[60]}$ $C_1 = 29.75$ $C_2 = 0.7^{[55]}$

表 1 – 4 中所归纳的风廓线被称作对数线性律风廓线（log – linear law）。当修正函数 $\psi_m = 0$ 时 Monin – Obukhov 风廓线式（1 – 11）退化为对数律形式（logarithmic law），由于其在实际应用中省略了对复杂定义的 Monin – Obukhov 长度的确定过程而被广泛采用。对数律风廓线可写为：

$$\bar{u} = \frac{u^*}{\kappa} \ln \frac{z}{z_0} \qquad (1 – 14)$$

或者，对已测定了参考高度 z_1 的风速 u_1 的情况，直接适用的对数风廓线为：

$$u(z) = u_1 \frac{\ln(z/z_0)}{\ln(z_1/z_0)} \qquad (1 – 15)$$

除此之外，幂律风廓线是独立于 Monin – Obukhov 理论的风廓线经验公式，其形式简单适用，认为速度比和高度比之间符合幂律对应，见式（1 – 16）。

$$u(z) = u_1 \left(\frac{z}{z_1} \right)^\lambda \qquad (1 – 16)$$

但对于其中的幂指数 λ 的确定没有固定的方式，而且直观上，幂指数与地表粗糙度和测试参考高度之间并没表现出明显对应关系。Gualtieri 在对意大利 Portoscuso 地区的风场测试中[50]，使用了 3 种确定幂指数的不同方式，这三种方式都与所选取的测定参考高度有关，并考虑了地表粗糙度和大气稳定度的影响。其研究指出，从统计相关性参数和适应性指数的角度上，总体来讲，幂律分布对风速垂直分布的最佳预报出现在稳定大气条件下，幂指数的最佳确定方式是基于 Monin – Obukhov 理论的 Panofsky – Dutton 方式，具体是：

$$\lambda = \frac{\varphi_m(\sqrt{z_1 z_2}/L_{MO})}{\ln(\sqrt{z_1 z_2}/z_0) - \psi_m(\sqrt{z_1 z_2}/L_{MO})} \qquad (1 – 17)$$

式中，z_1 和 z_2 分别为两个测试参考高度；z_0 为地表粗糙度。Gualtieri 使用的修正函数是表 1 – 4 中的 Irwin 形式。从另一个角度上看，幂指数 λ 可以直接认为此是对实测风速垂直分布的拟合参数。

1.4.3.2 地形下垫面对重气扩散、传输的影响和量化研究

地形条件同样是影响污染气体传播扩散的重要因素。地表下垫面被粗糙地分为森林下垫面，城市下垫面以及曲折山地等不同类型。目前，这三种类型最直接地成为污染物扩散或边界层大气运动的相关研究的主要因素而备受关注。

城市冠层（city canyon）下垫面是最为复杂的下垫面结构之一。针对建筑物的密集排列，关于含湍流模式流体动力学 CFD 模型的适应性建模方式上，城市风场的处理方式总结起来有四种：

（1）直接对城市楼宇进行网格化，当考察区域较大时，因为建筑物密集排列计算域将极端复杂，网格数量巨大[12, 51]，但这也是高分辨率 CFD 最为可靠和精确的方法。

（2）不考虑建筑物构造网格，在计算迭代过程中将计算域内建筑物所占据部分的网格点上速度值保持为 0，其他位置的传输扩散按照守恒律计算。张宁、蒋维楣[52]在关于建筑物对污染扩散影响的研究中，对单个建筑物的情形使用了这种方法，并采用了相应的建筑物壁面特殊处理方式。其风场模拟结果在建筑物迎风面与实验吻合良好，而在其背风面实验与模拟结果出现明显偏差。

（3）对较大尺度的模拟范围，引申使用空隙率概念（单位体积内空隙体积所占比例）而发展为空隙空间分布函数概念，参数化因建筑物的密集排列而造成的气流传输空间狭小的问题。这种方式更加适合建筑物尺寸小于网格尺寸的中尺度或城市尺度的全局风场仿真。代表应用是 FLACS – CFD 程序代码[6, 16, 53]。FLACS 使用有限体积方法，并不要求所有障碍物体积必须小于网格尺寸，在关于空隙率分布的算法实现上沿用了上述方式（2）的技术——将体积大的障碍物所占网格上的速度特殊处理为速度为 0；而对于小于网格的障碍物分形状参数化而施加影响于守恒量的传递，虽然计算量相对第（1）种直接方法小，但是算法复杂，所依赖的参数不寡。

（4）对中尺度城市大气引入人工曳力项，例如 Belcher 下垫面粗糙单元阻力模式[54]，认为因下垫面密集的楼宇排列导致风速受到阻碍，并等同地表现为受到某种摩擦力的作用。$i(i = x, y, z)$ 方向的阻力的摩擦力 $f_i = C_f(u_1^2 + u_2^2 + u_3^2)^{1/2} u_i$。最终城市冠层对流场的摩擦力同样体现在守恒律的动量方程和能量方程中。具体应用中对参数 C_f 的确定有所不同。刘红年等[55]对城市下垫面的湍流模拟研究中使用了这种方法。此方法依赖于建筑物拖曳系数和建筑物面积密度随高度的分布两个主要参数细化 C_f。四种方法相比较，第（1）种方法原则上可模拟任何尺度城市下垫面边界层大气流场，但是由于复杂的网格布置，这种方法更适合应用于建筑物较少的计算域。在个别建筑物或障碍情况下，第（2）种方法比较直接。在算法上和原理上第（3）种方法是第（2）种的延伸。最后两种处理城市下垫面的方式更适应于中尺度的气象模拟，要求建筑物密集并且体积相对计算域较小。以上不同模型的应用与预报精度有关，和研究所关注的尺度有关。

森林或密集植被下垫面的 CFD 修正模式化处理方式当中，Shaw[54, 56]模式比较完整，其雷同于以上第（4）中粗糙地表的 Belcher 处理方式。其将地表植被对流场的阻碍模式化为摩擦阻力，引入动量守恒律方程之中；同时考虑到了地表植被对热辐射的吸收，为保证能量守恒，在能量或温度方程上做出了必要的修正。Shaw 模式的摩擦阻力与 Belcher 方式相同，正比于速度向量的模，但系数可以与高度相关，具体为：

$$f_i = -C_f A u_i |\boldsymbol{V}| \qquad (1-18)$$

另一方面，受植被冠层影响，仅在 z 方向，太阳辐射功率在单位水平面积上表为太阳热辐射热通量（W/m^2）：

$$S(z) = S(h_{\text{top}}) \exp\left(-a_{\text{S}} \int_{h_{\text{top}}}^{z} A \mathrm{d}z'\right) \tag{1-19}$$

从而单位体积内辐射能量流为 $s = \mathrm{d}S/\mathrm{d}z$。辐射热量通量贡献给气团的能量，联系为显热变化率的形式：$\rho c_{\text{pa}} s$，而直接作为能量方程的源项，与动量阻力源项式（1-18）共同参与到 CFD 模拟模型。参数 A 表示叶面积体密度（1/m）可以是高度的函数；h_{top} 为植被冠层顶端的高度；a_{S} 为衰减指数（取 0.6）；c_{pa} 为空气比热。

对于包含山地或者曲折地表的边界层问题，依照地表曲面直接构造不规则计算域，布置非结构网格而达到 CFD 守恒律模型的精确模拟。这是对中尺度或更小尺度模拟最精确并且普通的做法。这种方法无需对守恒律方程做修正。同样的，如果计算域所考虑的范围过大，地形起伏过于复杂，这种方法十分消耗计算机资源。除此之外，依照地表曲面对 CFD 守恒律方程作坐标变换的方法是第二种选择。这种方法最早出现于水文或水质生态信息的预报。针对于河道、湖泊和海洋边界不规则的几何结构，采用对描述水体体积守恒的浅水模型和 N-S 方程作坐标变换方法[30, 31]，实现在规则计算域上计算不规则区域内的物理量的目的，而被水文模拟广泛采用。在边界层气流传输领域，基于起伏地表的坐标变换的处理方式并不多见。Brown[57] 在对某城市中尺度范围内的臭氧分布的研究中使用了一个三维守恒律模型 HOTMAC，并假设大气不可压。HOTMAC 模型使用纵坐标变换方式处理起伏地形，但在黏度和扩散项中未体现坐标变换。应该说这种方式比较适宜于较大计算域的大气边界层物理量的传输扩散模拟，在计算机实现上相对网格化地形的方式更加直接和简单，但坐标变换方法在数学上必须严格，并同时考虑湍流模式的变形。

1.4.3.3 湍流现象的量化研究

大气边界层中湍流现象显著，直接影响污染物的扩散。边界层的湍流特征包括：Re 数高达 10^5 以上，涡旋尺度包括 5 个层次；大尺度湍涡运动明显表现出有组织的结构[58]。湍流模拟方法在污染扩散研究中有十分重要的地位。对湍流模型模拟方法主要有直接数值模拟（Direct Navier Stokes，DNS），雷诺平均方法（Reynolds Average Navier Stokes，RANS）和大涡数值模拟（Large Eddy Simulation，LES）。直接数值模拟以守恒律出发，严格使用 N-S 方程和流体密度连续方程，原则上可以描述流体在任何情况下和任何尺度范围内的运动行为。而对所考察流体的运动范围建立足够细微的网格划分，网格必须小于 Kolmogorov 尺度；同时为了不失流态的整体性，以及充分发展的湍流所应该包括的涡旋层次，求解域范围又必须足够大。比如对于三维问题，网格分辨率应高达 $Re^{9/4}$ 的量级[59, 60]。这也是守恒律直接数值模拟的高昂成本和应用瓶颈。雷诺平均方法（RANS）和大涡模拟（LES）方法就是对流体的流速变量分别进行时间滤波和空间滤波，进而体现流体的平均运动特征的量化描述方法。雷诺平均法将过小频数的速度扰动滤掉，大涡方法将波数过小的涡旋滤掉，并将它们的影响综合为特殊形式的作用力归纳于流体的摩擦应力。

关于雷诺平均方法的主要思想是将流体流速分解成时间平均速度和扰动速度的和，并满足动量守恒律的 N-S 流体动力学基本方程。目的在于得到时间平均的流速动量方程。而扰动速度则以某种应力的形式出现在流体的动量方程中，该应力项被称为雷诺应力。所以雷诺平均法的重点在于如何模式化雷诺应力。实际上，雷诺平均法在数学形式上是对流体的一般运动方程作了含有雷诺应力项的修改，基于雷诺应力的不同数学形式，雷诺平均法被派生出诸多种类。拥有较高预报精度并被广泛采用的包括标准 e-k 模型，RNG e-k 模型和 Realizable 模型。标准 e-k 模型因计算复杂度小而已被广泛应用于不同类型重气扩散的应用研究中[9, 57, 61]，但是由于其"各项同性"的假设，比较而言，标准 e-k 模型并不适用于复杂边界或者曲面边界计算域内湍流的模拟。e-k 模型也不适用低雷诺数模拟[59]。这点在 Yoshie 关于不同湍流模型在城市大气边界层风场的模拟比较研究中已获得证实。Yoshie 以日本某城市楼宇环境的风场为研究对象，指出 RANS 类模型对楼宇上风区域的高速风场的风速模拟较楼宇背风区域的模拟精准，在背风区域风速和雷诺数较小，RANS 模式并不能有效生成障碍物背后的涡旋，但 RANS 模式对高风速区域的风场模拟与实验接近。改进的 e-k 模型比标准 e-k 模型略为准确。Realizable 模型较大程度上改进了"各项同性"的假设，较标准 e-k 模型在数学形式上更为复杂，能够适用于复杂地形或有障碍阻挡的条件，并在对漩涡的模拟上有更好的表现。Liu Yanlei[62] 在对氢气泄漏事故的情境模拟研究中，其所用的 Realizable 方法对氢气气团遇到障碍物而发生回流并伴随的湍流现象有较好的预报。Tauseef[63] 采用 Realizable 模型模拟重气 Thorney 场地实验的扩散过程并与标准 e-k 模型比较，在下风方向存在方形障碍物阻碍传播的情况下，前者的结果明显更接近实测。普遍来讲 RANS 模型由于基于对流速的时间平均思想，在整个偏微分方程的计算机求解过程中对稳定计算时间步长的要求不是非常苛刻，但准确性较低。而 RANS 一类模型中 Realizable e-k 模型能够综合表现出高精度和对不同传输扩散问题较灵活的预报适应性。

大涡湍流模拟是在滤波思想上建立起来的一种对一般尺度湍流现象模拟预报的工程方法。大涡模拟产生于 1970 年[64]，理论也在不断完善。其思想就是将特定波数以上，或特定波长以下的脉动过滤掉，仅保留这个截断波数以上的流体速度在动量传递中的守恒律，而微小的扰动速度将形成某种模式化的应力平均地作用于流体的动量传递。在能量传输方面，模式化包括湍能在内的小涡向大尺度涡旋的逆向传递。对于标量的微小扰动则模式化为特殊形式的扩散。这种小尺度涡旋对整体流场的逆向影响则通过压格子模拟实现。根据对亚格子脉动的建模方式的不同张兆顺等[64]将大涡数值模拟分为唯象亚格子模型、结构型亚格子模型和理性亚格子模式。蒋维楣等[58]综述了不同次网格的闭合方式和格子特点。在技术上，为了使亚格子应力达到收敛精度，大涡模拟需要对 N－S 方程的导数项采用高精度的近似方法，这一点大大增加了大涡数值模拟的计算存储成本。不仅如此，不同于雷诺平均的时间平均方法，大涡仿真是对涡旋进行空间平均，这就要求更高分辨率的时间网格划分，捕捉流态的瞬时信息，也增加了计算机迭代求解的全部计算时间。

　　由于 LES 计算成本较高，相对于 RANS 在重气或边界层物质扩散的研究中的应用比较少。Sklavounos[65]比较研究了不同湍流模型在重气扩散上的表现，以处于中性小风稳定大气条件的 Thorney 场地实验的数据为背景数据和模型的验证，却给出了不同结论：涡扩散模型和亚格子模型给出了相似的结果，而 LES 却使用了大量计算机资源。当中的原因是这两种模型都基于流体动力学方程，实际上相对平稳的流场并不能明显区分两种湍流模型。结合 LES 在时间离散上的高解析分辨率和对涡旋刻画完整性，LES 模型被应用于障碍物背后涡旋流场的模拟[66]和近壁面湍流[68]，以及燃烧过程的剧烈热流的模拟[69]时表现出精度优势。Letzel[67]在对楼宇之间街道内湍流风场的研究中使用了大涡数值模拟方法，为了节约计算时间使用了准二维模拟。结果表明 LES 方法优于 RANS 方法，前者细致能够描述涡旋的间歇现象，而后者却预报涡旋平稳发展，这将对污染物的消散预报产生误差；二维的 LES 方法能够捕捉到第三层微小涡旋，三维的 RANS 才能够较为准确刻画湍流的发展。应该说，比较起其他湍流模型，大涡模拟从机理揭示到实际预报上都能表现得更为客观和优秀，随着计算机技术的发展大涡模拟方法的计算成本高的缺点将逐渐得到弥补，大涡模拟方法较涡扩散类湍流模型有更广阔的应用空间。

　　除此之外，颗粒的涡流相互作用模型（Eddy－interaction Model，EIM）和出现在粒子模型统计湍流模型以随机游走的方式描述湍流现象，均体现了局部小尺度湍流所表现出维纳过程的统计特征，但前者的应用的范围局限于颗粒物参与的湍流运动[69, 70]；后者是粒子统计模型中湍流适用技术[71, 72]。

　　关于大气充分发展的湍流，不同研究者皆对 RANS 和 LES 湍流模型做出了针对边界层传输的适应性调整的研究。体现在：

　　（1）对 RANS 和 LES 湍流模型进行适应整体扩线规律的修正；

　　（2）复杂地表下垫面对湍流的影响，突出体现丰富地表植被随气流摆动，并带有对阳光辐射和水汽等物质的吸收与释放对流场传质及传热的改变。

　　Pontiggia 等[73]使用的 ASsM（Atmospheric Stability sub－Model）利用 Monin－Obukhov 边界层理论对 RANS 的 e－k 湍流模型作了针对中性层节和稳定大气的修改，并以 Prairie Grass 的场地实验结果作为验证，并报导修正后的边界层 e – k 模式能够很大改观普通 e – k 模式在较远下风距离处关于污染物浓度预报的高估现象，并且浓度的预报结果与在较小数量级上仍有较高的准确性。改动体现在两方面：

（1）使用 Monin – Obukhov 速度修正函数修正湍流黏性系数；

（2）在湍流耗散率方程中增加不同源项，以分别适应中性和稳定边界层条件。

对于 LES 湍流模型在边界层的应用，Porté – Agel 在实验和模拟方面做了充分细致的研究。Porté – Agel 通过场地实测数据计算小于 CFD 可解尺度的亚格子热通量和温度方差统计量等，并以 DNS 模拟为参照，研究了在不同稳定条件下，大涡亚格子模型在边界层的表现[74]。指出，随大气稳定度越稳定，亚格子尺度的各量的垂直通量越明显，其对可解尺度的回馈影响也越明显。另一方面，在中性和稳定条件下，越接近地表，亚格子模型对滤波尺度的依赖就越敏感，直观地，更小的滤波尺度更适应近地表湍流的亚格子滤波近似，这是由于近地表复杂的湍流现象决定的。在 Porté – Agel 风能应用的研究中[75]，对风机发电的风洞实验和场地测试使用了 LES 模型，基于 Monin – Obukhov 边界层理论设计并引入近地表剪切应力。不同于黏性剪切应力，其只存在指向 z 方向的应力张量分量。具体的贴地表应力被表示为：

$$\tau_{i3}^{s} = \left[\frac{\kappa |\boldsymbol{V}|}{\ln (z/z_0) - \psi_{\mathrm{m}}(\zeta) + \psi_{\mathrm{h}}(z_0/L_{\mathrm{MO}})} \right]^2 \frac{u_i}{|\boldsymbol{V}|} \qquad (1-20)$$

其符号应与 N – S 滤波方程（3 – 1）中 LES 应力符号一致。当 $i = 1$（或 2）时应力表示，在以 x（或 y）为法向的单位面积上，指向 z 方向的地表 LES 湍流剪切应力或称动量通量，应力的大小取决于 x 方向速度的相对大小。z_0 是地表粗糙度。算法上仅在地表以及以上一层网格点上使用此应力模式。同样的，在地表边界网格上，Porté – Agel 配合热扩散，使用了地表热量通量的湍流模型。

Chamecki[76]对大气边界层花粉传播进行了大涡模拟研究，考虑到地表草本植物对大气运动的干扰，指出除了地表粗糙度 z_0 以外还需要使用一个位移高度 d 参数才能比较完整表述植被地表冠层对湍流的作用。其所使用的指向地表法向的地表应力应用于对数风廓线环境，与水平方向风速的模方成正比例：

$$\tau_{\mathrm{w}} = - \left\{ \frac{\kappa}{\ln [(z - d)/z_0]} \right\}^2 |\boldsymbol{V}_{\mathrm{horizon}}|^2 \qquad (1-21)$$

应该指出，因湍流充分发展的程度，包括植被在内的地表因素与环境流体的动量交换被模式化表达为应力，与风速的模平方成正比，与边界层风速有关。

1.4.4 流体动力学模型算法

关于偏微分方程的数值算法，目前主要流行的算法有有限差分方法、有限体积方法以及有限元方法。由于计算机所能够求解的数学形式只能为离散化的数值问题，偏微分方程的连续模型必需被转化为离散问题，在技术上通过求解离散形式的方程做到代替对原问题的求解。必需指出经转化后的离散方程或称离散格式并不完全等同于原连续模型。对于有限差分离散和有限体积离散的离散格式，其必须与连续问题之间应满足相容性的关系；并且要求离散格式的解必需随网格的加密而逼近连续方程的解，离散格式须满足稳定性以满足收敛性。对于有限元问题甚至需要扩充求解函数类，在其中寻找特殊意义的逼近解代替原模型问题解[77]。对于含有偏微分形式的密度、速度和能量或温度在内的守恒律动力学模型方程组而言，相对来讲，有限差分方法和有限体积方法在工程应用方面趋于成熟，而被广泛应用于耦合 N－S 方程的扩散、传输以及压力耦合动力学问题。从算法设计角度上，有限差分方法和有限体积方法易于编成实现和算法优化或改进。

　　针对标量与向量耦合的气体流体动力学数值问题，标量与向量通过压力建立联系。实际上，所有物理量在数学上完全可以不加区分地被视为同一个未知量向量，而以不同网格点和同一个网格点上的，具有不同物理意义的变量而组织起来，成为关于同一个巨型未知向量，而在每个时间步的迭代中对这个未知向量进行求解。然而由于一方面通常情况下未知量的离散方程组并非线性方程组形式，这给单步迭代提出了困难；而且另一方面为了体现物理上速度作为压力场函数的流函数关系；同时也需要在算法上保证避免出现向量与压力耦合时出现的非物理振荡现象，必须人为做到标量与向量的分离，再耦合。目前关于流体动力学压力耦合方程组的离散化求解方式可分为两大类。（1）耦合式解法。（2）分离式解法[78]。鉴于以上第二个原因两种方法都必须使用交错网格。在使用交错网格技术的前提下，前者更多地体现了变量整合的思想，但对分离的处理方式也有所折中，耦合式方法包括全变量耦合、部分变量耦合以及局部求解区域上的变量耦合。当中不可避免地会以 Newton 迭代法[79~81]处理关于整合变量的非线性离散化方程组，造成每个时间步中的多次迭代和较高计算时间成本。分离解法比较常用，比如 SIMPLE 算法以及基于此而派生的多种算法包括 SIMPLER、SIMPLEC、SIMPLEX 算法[57, 81]。这类算法的共同特点是，将标量视为被动传输量，通过修正压力的方式得到正确的向量值，在首先得到当前时间层的各个向量的值后，以此为条件计算标量的传输。修正的目的在于保证耦合方程组的单步收敛性，减小基于有限差分或有限体积的离散化方式而产生的计算误差，以及向量与标量分别计算的计算结果与密度连续方程之间可能存在的不一致性。对于三维和二维此类问题算法上一致，此点优于另一类分离式解法——涡－流函数法[57, 79]。后者的优势在于能够简化处理二维问题，对三维问题却十分繁复。与最为繁冗的 Newton 方法求解非线性方程组相比，以 SIMPLE 为代表分离式算法基于变密度流体的动态过程可视为所有瞬间的瞬时稳定密度状态积累的物理认识，在单步迭代中使用稳态连续方程或不可压大气条件改变对 CFD 动态方程的求解方式，改变了每个时间层上变量的单步迭代方式，减少了迭代次数。但其同时也带来了技术上的难点，比如这种算法总是需要不断调整速度与压力场，使两者协调一致。同样存在每个时间步中的 2 到 3 次迭代（比如基于 SIMPLE 改进的 PISO 算法[78]）；单步压力的修正中常会出现关于压力的 Poisson 方程而造成新的求解困难。

压力修正方式是分离式解法的核心内容。压力的有效修正能够增加方程组耦合算法的单步收敛速度和整体稳定性。SIMPLE 算法通过密度连续方程修正压力[57, 81]，要求做到经修正压力加速下的速度令当前时间步内密度按照连续方程方式守恒，当中通常使用稳态连续方程或不可压连续方程修正压力。对于定常 N-S 问题，即不可压流体的动力学问题有人工压缩性方法和投影法适用于三维问题的求解[79]。对于不可压 N-S 问题的人工压缩性方法，或称 Chorin 方法的思想是通过人为设置（人工）可压性常数以可压气体压力动态方程确定压力以（人工）可压性常数的取值调整不可压程度和加速数值算法的收敛过程。虽然这种对压力修正的方法设计的初衷并不来自于任何具体的物理意义而仅着眼于优化算法，该方法本身含有流体相对不可压的客观性。对理想不可压流体的压力意义有所推广，并趋于实际。投影法以速度向量的散度为 0 作为约束条件求解每一个时间步的压力在数学上需在每个时间步上解压力的 Possion 方程。这种方法严格按照不可压条件处理速度场，将压力形式上定义为不论传输惯性力以及黏性应力如何作用，总能够保证维持速度场的散度为 0 的流体流速势函数。从另一个角度上抽象地刻画了不可压流体的压力物理特征。比较而言，人工压缩性方法和投影法对压力场的刻画分别各自兼顾了实际压力场流体的相对可压性与绝对不可压性的两种特征。

对于多个方程组所耦合的守恒律动力学问题，数值算法需要解决以下两大问题：其一，单步方程组的耦合；其二，迭代过程或时间积分方案设计。前者中需要考虑方程的相容性离散化和压力修正。有限差分数值方法易于编程实现，稳定性对单步精度并不苛刻，关于 N-S 方程离散方式有不同选择。结合边界层大气近似不可压特点和污染物扩散问题的局部气体密度分布不均的特点，离散格式的设计和压力修正方式存在改进余地。

1.5 工作和创新

重气扩散主要受源泄漏方式、扩散和传播流体动力学以及边界层大气和地形条件的影响。以工程预报、风险评估为目的的模拟研究应当充分综合以上影响因素。我们工作重点在于大气边界层开放环境、复杂地形条件下的重气扩散模型和模拟的研究，我们的研究结果和方法能够为科学决策提供可靠的借鉴。模型和算法的研究结果可以直接成为开放环境重气扩散模拟软件的主要设计依据。本书泄漏源为最为常见的点源喷射泄漏源。研究采用了 Thorney Island 测试 26 的试验数据作为存在规则障碍物条件下的模拟测试和模型验证情境之一。另外进行的风洞试验采用云南个旧地形条件符合中华人民共和国国家环境保护标准之环境影响评价技术导则[82]对复杂地形的规定，并具有高原复杂风场特征。以上两个重气传输、扩散实验具有复杂地形和大气边界层条件典型性。

针对复杂地形条件和大气边界层特点，重气的二维浅层模型和三维流体动力学模型是我们着重研究和改进的对象，并以大涡 LES 湍流模型量化边界层湍流过程整合到以上两类模型中。原因是此两类模型最大程度反映了守恒律原理和流体动力学的特点。二维浅层模型在计算上节省存储空间和时间，在工程预报上有优势；三维 CFD 模型因其理论的完整性作为重气扩散的研究模型地位不可替代；大涡 LES 湍流模型更加适应于复杂地形条件的边界层湍流模拟，较雷诺应力 RANS 模型更加客观。

根据过程的影响机理和尺度范围的不同，我们的此项研究中源模型与传输扩散模型被分别讨论。不失去完整性和应用的灵活性，源模型能够分别与浅层模型与 CFD 模型以模块方式整合。而且，重气液滴问题作为重气扩散课题不可缺少的一方面，本书对此进行了分析，从整体传输的观点上简化问题，弱化了不同粒径重气液滴之间的内部关系，强调液态和气态之间的整体传质和各自的传输、扩散规律，建立了一种能够与重气传输模型耦合的重气液滴应用模型。

除了模型手段，我们分别以 Thorney Island 场地实验和风洞模拟的个旧山区城市环境下的液化气（Liquid Nature Gas，LNG）泄漏为情境，通过实验手段和模拟量化研究两方面考察重气在开放复杂地形条件下的扩散行为，并以实验研究为模拟研究的对照和依据，使用实验数据验证模型。

二维浅层模型和三维 CFD 模型和在数学形式上皆为抛物型偏微分方程组。作为模型不可缺少的一部分，流体力学偏微分方程组算法的优化也被纳入课题研究工作的范围之内。文章最后简要的算法理论分析旨在给出相对完整的模型确认。我们对传统以有限差分和有限体积算法为基础的数值计算方案做出了诸多的改良，目的在于提高算法的效率，减少模型计算周期，以适应于风险评估和紧急预案领域的应用。

1.6　本章小结

本章对开放环境重气扩散数值模拟研究的意义、方法以及模型设计和建立的准则进行了讨论。指出对重气扩散这种耦合了诸多机理的复杂动态过程的量化研究和建模应该兼顾计算成本和模型的客观准确性两者之间关系，以基本科学原理、算法的理论确认和实验验证为框架设计模型，并以此为模型的评价标准。在模型研究方面，指出质量、动量和能量的守恒律是一切重气泄漏、传输、扩散模型设计的基本原理。针对不同的应用条件、目标情景以及不同的简化和描述方式，已有充分和完整的模型应用方案和改进方式，然而针对重气在包括高海拔城市山地环境边界层和复杂地形的泄漏、扩散模型和模拟研究尚不丰富，尤其是针对工程预报、预案设置和决策辅助的应用模型十分缺乏。本章针对与重气在开放环境中的扩散相关的大气边界层、泄漏源以及传播机理三个方面作了模型和量化研究的综述。本章最后对偏微分方程的数值算法的应用作了简要综述，从离散格式，标量和向量的耦合以及压力修正三个角度分析算法的设计，旨在找出高效的算法设计方案。

2 实验和数据收集

2.1 个旧地形液化气泄漏风洞实验

2.1.1 风洞实验相似性准则

影响边界层大气流场的主要特点可以分述为：

（1）水汽来自于下垫面，主要的动量来自于上层大气。

（2）温度主要来自于地表对阳光的反射，而产生温度的分层结构，导致或促使气流受浮力作用而易于形成垂直热对流运动。

（3）一般条件下边界层内的垂直风速较小，在存在地形起伏条件下的局部地区会产生较强的气流垂直运动。

（4）边界层热对流明显，惯性剪切流动是其间大气的主要运动方式，同时气流受地球自转的科里奥利力（Coriolis Force）作用而在水平方向发生地转风偏转[49]。

风洞模拟应最大程度在实验条件下刻画大气边界层流场特征，但因为实验条件的局限，尤其难以做到对大气湍流的完全相似模拟和地球自转的科里奥利力的按比例缩小。姚增权[83]认为为使风洞实验与边界层流场运动接近，实验应满足几何相似、运动相似、动力和热力相似和边界条件的相似。而运动相似、动力和热力的相似都可以依据无量纲数的相似达到。我们从以下三个方面评价实验条件下大气边界层流场与真实流场的相似性：

（1）几何相似。按比例缩放实验地形，达到实验地形与实际地形的几何相似。模拟的风洞实验以云南个旧城市山地为扩散情境环境，地形模型与真实模型比例为1:1000。

（2）物理相似。大气流场的运动过于复杂，作为应用和实验模拟客观、可靠并易于操作的评价准则，应以实际条件和实验条件无量纲数的相似作为判定标准。

（3）边界条件相似。风洞实验依据场地实测的大气风场垂直风廓线调整边界条件相似。

描述边界层大气湍流运动的无量纲数主要包括 Re、Ri、Ro 和 Pr。除压力梯度力和黏性应力外，大气边界层气流微团受到其他各种外力的作用，具有复杂的运动形式，各物理参数给出了相对外力，或者其他相对物理量的分析，以界定流体运动行为受何种力所主导，表征气流运动主要影响因素的相对强弱。除以上这些无量纲数之外表 2-1 总结并给出了大气边界层模拟中主要无量纲参数的说明。

表 2-1　大气边界层模拟物理相似主要无量纲参数

符号	名 称	意 义	公 式	备 注
Re	雷诺数 Reynold Number	流体运动中惯性力与黏滞力比值	$\rho UL/\mu$	实验条件下 $Re \geqslant 10^4$ 湍流充分发展
Ri	理查德森数 Richardson Number	流体所受浮力和剪切应力的比例	$g'h/V_s^2$	$Fr^{-2}=R_i$ $g'=\rho_a/\rho$
Fr	弗洛德数 Froude Number	惯性力和（相对）重力之比	$V_s/\sqrt{g'h}$	体现热湍流因素与机械湍流因素之比
ζ	稳定度因子	铅直高度与 Monin-Obukhov 长度的比值	z/L_{MO}	$\zeta>0$，边界层大气流场稳定；$\zeta<0$ 边界层大气流场不稳定；$\zeta=0$，中性状态
Ro	罗斯贝数 Rossby Number	惯性力和科里奥利力比值	$V_s/(Lf_{co})$	湍流涡旋尺度相关，大尺度湍流 Ro 数较小
Pr	普朗特数 Prandtl Number	机械黏度和热扩散系数之比	$\mu c_p/K$	较小的 Pr 数机械湍流明显
Sc	施密特数 Schmidt Number	机械黏度和质量扩散系数之比	$\mu/(\rho D)$	小 Sc 数机械湍流影响污染物质稀释明显，反之物质扩散现象明显

对于湍流涡旋分解的串级过程[84]，雷诺数 Re 是评价指标。虽然实验条件下的雷诺数 Re 往往远远小于实际的大气流场的雷诺数，但一般条件下当雷诺 Re 数达到 2300 以上即有湍流现象发生。Cermak[57]指出实验条件下 Re 数达到 10^4 则认为湍流已经得到充分发展。一般近似情况下默认实验条件下湍流串级过程发展与实际大气的相似。Ri 数通常使用的浮力为综合浮力，即气团所受浮力与重力的合力。当其表现为正浮力，大气热对流和垂直湍流明显，大气表现不稳定。便于描述对流湍流现象。Ri 数越小大气湍流越剧烈，常用临界 Ri 数为 0.25。Monin-Obukhov 大气边界层风场廓线理论定义，Monin-Obukhov 长度 L_{MO} 作为描述湍流的另一种指标而与 Ri 数在描述对流上有相似之处。在 McBRIDE[61]关于使用风洞和流体动力学方法研究氯气重气在复杂地形条件下的扩散行为时，直接使用 $L_{MO}=107m$ 代表稳定大气。根据 L_{MO} 派生出的无量纲参数稳定度因子 ζ 是铅直高度 z 与 Monin-Obukhov 长度 L_{MO} 的比值与 Ri 数有直接的对应关系[49]。与 Ri 数同类的还有弗洛德数（Froude Number）Fr，体现湍流中气体所受浮力与惯性

力间的相对重要性。在关于重气扩散的风洞实验或场地实验的研究中，在未必需要严格保证实验模拟气体与真实重气密度一致的情况下，为达到相对浮力模拟的相似，以 Fr 数相似原则作为判别标准[10, 61]。

大气边界层的湍流现象尺度范围很大，影响因素众多，然而相比而言，在普通气流传输当中黏性力和剪切惯性力之间的对抗（表现为涡旋的串级分解的湍流过程）不及气体浮力与惯性剪切力之间的相互作用（表现为边界层大气的对流湍流现象）对气体运动行为的影响大，后者主要是热量分布和传导不均的结果。传热问题是大气边界层湍流的一个主要方面。在不考虑水汽输运以及相变因素的情况下浮力与剪切力的关系是大气边界层空气湍流产生发展的主要因素。

关于风洞实验设定风速的垂直分布同样需要满足风速的相似性准则。Nemoto 准则[84]指出实际风速和环境风速之间满足幂指数为 1/3 的幂律相似：

$$U_{\mathrm{m}} : U_{\mathrm{f}} = (L_{\mathrm{m}} : L_{\mathrm{f}})^{1/3} \qquad\qquad (2-1)$$

2.1.2　个旧地理环境概要

我们选取了云南个旧市作为假设的重气扩散环境。个旧市位于云南省南部，东经 102°54′ 至 103°25′，北纬 23°0′ 至 23°36′ 之间，是滇东南地区的冶金工矿城市。全市东西宽 40.5km，南北长 56.5km，总面积 1587km²，现有市区面积 12km²。个旧市平均海拔 1688m，城区基本处于南北方向的狭长山谷地带，主要城区南面有凸起小山丘，北面有湖泊，名为金湖。主要城区部分依地势处在一个整体沿南向北下降的区域。此区域内地面高度最大高差达 200m。南面山丘相对于城市最低处金湖附近位置高度差达 400m 左右。个旧城区图如图 2-1 所示。地区常年高海拔南北风向盛行。全市多年（1971～2000 年）平均气压 8.284 × 10⁴Pa。根据气象统计局资料，全年南北风向发生频率占 46.2%[5]。个旧地区处于典型的高原山地城市地形，常年处于中性稳定风场中，将其选择为复杂地形重气扩散模拟以及实验研究的背景环境具有代表意义。风洞实验室设置在昆明理工大学，当地风洞平均气压和平均相对湿度分别为 8.146 × 10⁴Pa 和 73%，气压条件和海拔条件与个旧相似，根据当地气象站气象观测资料，1971～2000 年个旧平均气压和平均相对湿度为 8.284 × 10⁴Pa 和 77%。

2.1.3　环境风廓线的测定

为确定实验条件和数值模拟的环境风场输入，实施了现场观测。观测直接针对当地中性环境风场的风速进行数据采集，观测数据被用于拟合当地大气边界层的风廓线和作为风速边界条件设定的依据，风廓线参数被直接视为拟合参数。观测方法是双经纬仪小球测风法，所选择的两个测定点之间联机垂直平均风向。通过释放负重探空气球，并测定探空气球相对稳定位置或匀速运动速度计算得到水平风向的平均垂直分布规律。所使用的仪器和材料包括：（1）测风经纬仪 70 - I；（2）10 号气球；（3）普通天平（用于称量测风气球所挂的重物，控制气球的升空速度）；（4）氢气（纯度不作要求，只用于气球的升空）；（5）秒表，通信设备。下表记录了本次观测的部分测量数据。

观测期间的各地面风向中以北风风向为主导风向，出现频率约 24.3%，其余主要风向为 SSW、S、SSE、NNE。其各风向的出现频率分别为 13.5%、8.1%、8.1%、8.1%。主要地面风速集中在 1~4m/s 范围内。在距离地面 500m 测量高度范围内，北风占主导，风速以较多频数出现在 3~6m/s 范围内，平均风速为 3.6m/s，偶有最大风速达到 13m/s 上下。图 2-1 给出了观测期间的近地表风场观测的风速和风向结果。

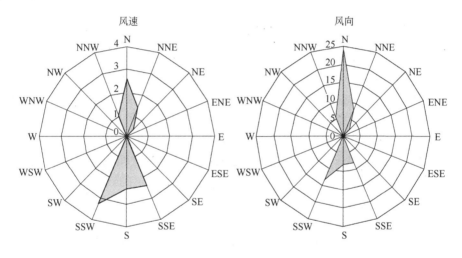

图 2-1　观测期间个旧市近地表风场的风速和风向玫瑰图

鉴于本次实验风洞条件只允许模拟稳定度为中性稳定（D 类）及其以上（E 类和 F 类）的稳定边界大气层流场条件。并且当地中性稳定出现的频数高达 16.22%，平均风廓线的测定于当地晴朗傍晚，中性稳定条件下的风场。平均风速垂直分布律的测试和数据采集，数据采集的结果作为风洞实验和数值模拟的环境风场条件。测试风向南风。风速在不同高度的测试结果与幂律风廓线分布规律十分吻合。幂律风廓线的形式见式（1-17）。现以对数方式改写幂律方程（1-17）为线性方程，使用线性回归得到回归方程：在参考高度为 10m，平均参考高度速度为 0.075m/s 的 D 类稳定（中性稳定）条件下的拟合参数（幂指数）为 0.58，相关性指数 $R = 0.99$，如图 2-2 所示。

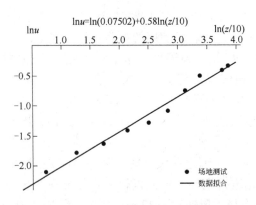

图 2-2　个旧实测风场幂律风廓线参数拟合

2.1.4　环境风洞实验设置

本次实验采用昆明理工大学环境风洞最早建立于 1981 年，2005 年首次升级改造。整个风洞长度 17.6m。风速范围 0~10m/s。本风洞采用钢木结构，整个风洞由风机、扩散段、整流器、速度分布器、实验段（包括粗糙元段、测试段）等组成。风洞实验设备设置结构如图 2-3 所示。总长 17.6m，其中风机段风机型号为轴流风机 T30 型，叶轮直径 1m，风量 490.5m³/h，用电磁调速电动机驱动，型号 JZJ-52-4，功率 10kW。转速在 0~1150r/min 间连续可调。扩散段入口装有两层 50 目的尼龙网，出口装有 120 目（120μm）的铜丝网，整流器用蜂窝型，蜂窝单体尺寸 380mm×φ25mm。速度分布器采用百叶窗型，共 14 个窗口，通过调节百叶窗的开启度来调节气流速度分布。百叶窗后又装有两层 50 目（270μm）的尼龙网，起到进一步整流与分流作用。为达到湍流近似以及边界层风廓线的实验近似仿真，在驱动风扇前端设置了 3m 范围的粗糙元段对风场风速施加人工阻碍，并可根据模拟要求布置不同形式的粗糙元。粗糙元段设置可调鱼鳞板，活动角度 0~30°，粗糙元段布置了一系列粗糙单元，其为规则楔形几何体和 1/4 椭圆以及长方形木块、木条等。实验段 13.3m，断面尺寸 1.8m×1.4m。风洞侧面装有 12 块 1800mm×1600mm 厚 5mm 的玻璃观测窗，顶部装有 5 块 1800mm×540mm 的观测窗，作为观测和照相用。风洞实验测试段中设有三维坐标车，可带动探头作横、纵、竖三向运动，探头上装有风速计测杆。还有一些辅助设备和测量、分析仪器等。如图 2-3 所示。本次研究自制了由外购 1500W 烟机和自行设计的 1.3m×0.8m×0.5m 缓冲箱等组成的发烟系统，发烟剂采用重烟油。该发烟装置具有预热时间短（预热时间 10~15min）、不易堵塞等优点。我们收集了个旧市区 1∶10000 的地形图和市区 2005 年 1∶500 的建筑物布局图，制作了个旧市区 1∶1000 的地物模型，并在模型上布置了示踪气体施放口和采样孔。实验地形模型长5.25m、宽2.62m，囊括南部山丘以及北部环绕金湖湖泊的低洼盆地，对应于实际环境5.25km×2.62km的山地城市城区的主要范围。图2-4是整个风洞测试实验段的实际照片。

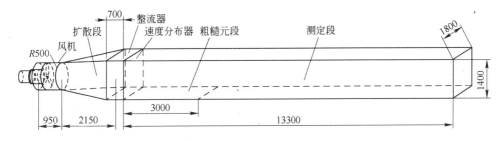

图2-3　风洞实验设备设置结构图

图2-4　风洞测试段

该风洞目前尚不能模拟科里奥利力偏转和温度以及密度的分层结构，但能适用于模拟真实高度500m范围内的稳定或中性稳定大气条件下的风场条件和污染物传输、扩散过程。尤其适应高原气压环境的风场模拟。

为调试并测量风洞风场风速和测定模拟气体的浓度分布，实验按照图2-5所示意的方式布置采样测试点：地面上采用扇形布点法布设，以重气泄漏处为顶点在下风向弧度为22.5°扇形区域内设置采样点（如图2-5所示）。分别以距离泄漏源原点0.25m、0.5m、0.75m、1m、1.25m、1.5m、1.75m（实验室距离）位置处设7个纵向点列。各纵向点列内布置6~7个采样点，确保中心在线有测试点。

调整风机转速和粗糙元设置进行风场调试。需要调整速度分布器、粗糙元，

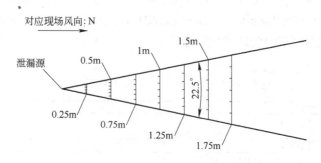

图 2 - 5 测点排布

风栏和风机转数,使得在各观测点上不同高度位置的风洞风速与实际场地测试的风速按 Nemoto 幂律相似准则式(2-1)相似,并检验与风洞风速分布对应的实际风速的幂律廓线规律,使风廓线指数稳定在 0.58 ± 0.02 范围内。

为做到重气扩散行为的相似,包括做到相对浮力的实验模拟,需保证 Fr 数或者 R_i 数与实际接近或一致。风洞条件重气扩散烟云浓度测量采用氟利昂 12 作为模拟气体。氟利昂为无色、几乎无臭、无腐蚀性、无刺激性的不燃气体,其基本物性参数参见表 2-2。模拟泄漏点设置在模型个旧地形城区南部山丘峡谷边缘。整个过程使用转子流量计控制模拟重气氟利昂 12 的泄漏流率,使其保持在 1270mL/min。测量使用注射器采集各采样点的气体样本,对采集样本空气使用气相色谱方法进行测量。实验装置的设置如图 2-6 所示。浓度测量所使用到的仪器或设备包括风洞、Agilent 6820 气相色谱仪,Cerity 色谱工作站,ECD 检测器,中科院兰州化学物理研究所制造的 $1.83m \times \phi3.2mm$ 不锈钢填充柱,内部装填 5A 分子筛(粒径 $198 \sim 246\mu m$)固定相,1mL 进样器若干,氟利昂 12 标准样,5mL、0.02mL、100mL 注射器及橡胶帽若干。

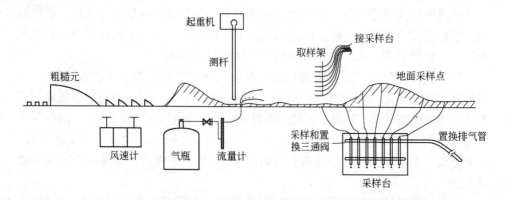

图 2 - 6 示踪扩散实验装置实验图

表2-2　氟利昂12的基本物性参数

名　称	英文名	分子式	分子量/g·mol^{-1}	密度/kg·m^{-3}	熔点/K	沸点/K
氟利昂12	Freon-12	CF_2Cl_2	120.91	1.486	115	243.2

2.1.5　环境风洞实验结果

此次测试主要分别记录了两个时刻模型地表附近浓度的空间分布数据。其一是经过泄漏源位置指向风向下风方向上的浓度分布，对应实际地形地表以上南北走向上的浓度分布，如图2-7所示。其二是距离泄漏源位置1m处垂直于平均风速方向的浓度分布图，对应于实际地形地表以上距离源下风1km位置（风洞测试段距离泄漏源位置1m处）横截平面上东西走向上的浓度分布，如图2-8所示。

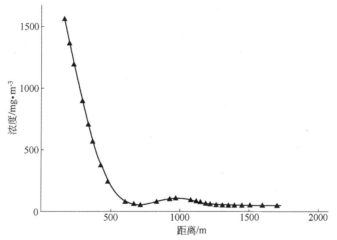

图2-7　泄漏持续500s时平均风速方向（南北方向）重气浓度分布

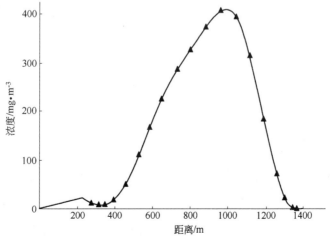

图2-8　泄漏持续2200s时垂直平均风速方向（东西方向）重气浓度分布

　　图 2 - 7 显示浓度随下风距离的增加明显下降，在横轴上浓度随相对于泄漏点距离的增加而减小。传播中扩散稀释作用明显。另一方面，图 2 - 8 浓度的扩散传播已达充分发展的 2200s 时刻下风 1m 位置处的浓度分布中间高两边低，与理想的高斯烟羽模型的分布不同并略向风洞地形模型的西侧（图中右侧）倾斜。表明地形对浓度烟云传播的限制明显。

2.2　Thorney Island 场地实验简介及数据引用

　　Thorney Island 场地实验实施于 1982 年，位于英国南部 Thorney 半岛。此次测试包括一系列平地上重气的释放、扩散测试，部分测试使用了障碍物。该实验使用质量比 68.4% 的氮气和 31.6% 的氟利昂 12 混合气体作为实验重气[14]，其参考密度达到 2.0kg/m³[15]。我们选用 Thorney Island 场地测试 26 的结果为数据来源。测试 26 记录了重气在一个方形障碍物的阻挡下的扩散和传播过程。

　　测试 26 平地的场地条件下在泄漏源的下风方向设置了方形障碍物。障碍物为边长 9m 的立方体，障碍物距离重气源 50m[14, 15]，并在立方体障碍物迎风面，距地面高 6.4m 处以及背风面，距地面高 0.4m 处分别安置了浓度测试探头，为标记和叙述的方便，分别将其记为采样点 1 和采样点 2。测试 26 进行时平均风速 1.9m/s。扩散开始前模拟重气的混合气体被集中在直径为 14m，高度为 13m 的柱状篷布当中，直到测试开始撤销篷布。测试 26 研究并记录了平地规则障碍物条件的重气扩散和绕流行为。测试 26 的初始设置如图 2 - 9 所示。图 2 - 10 是取自网络公共资源的 Thorney 场地试验的实地照片。

　　图 2 - 11 和图 2 - 12 在采样点 1 和采样点 2 处重气相对体积浓度的测试数据。测试 26 的数据被纳入到我们的模型检验和复杂地形重气扩散的研究当中。

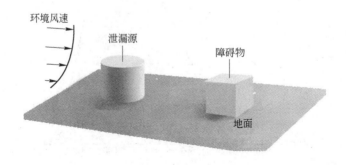

图 2 - 9　Thorney Island 场地测试 26 初始设置示意图

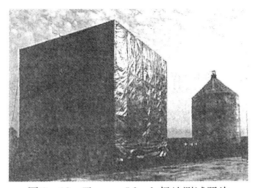

图 2-10 Thorney Island 场地测试照片

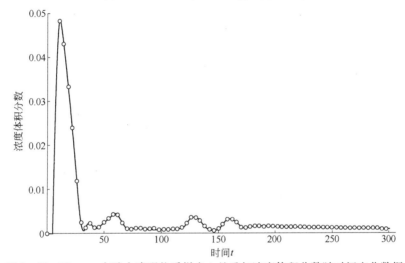

图 2-11 Thorney 实验中障碍物采样点 1 处重气浓度体积分数随时间变化数据

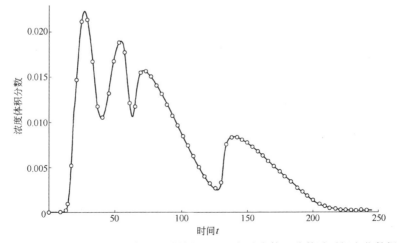

图 2-12 Thorney 实验中障碍物采样点 2 处重气浓度体积分数随时间变化数据

2.3　本章小结

　　本章包括两个方面的内容：个旧地形的重气泄漏风洞模拟实验和对 Thorney 场地测试 26 的实验数据引用。本章使用场地测试的环境风速数据调整风洞的风机转速，使其与测量的风廓线在满足物理相似的条件下达到一致，以近似做到对场地的风场风洞模拟。风洞实验的地形按照个旧实地地形和城市布局定制。进一步，风洞实验使用氟利昂代替泄漏重气，在环境风洞中模拟重气泄漏过程。实验测试得到重气在顺风方向的浓度分布与迎风面上的浓度分布。结果表明浓度的分布曲线形态受到地形的影响，但总体上，顺风方向的浓度分布表现出高斯烟羽分布的特点，迎风面上的浓度分布表现出随负指数律衰减的趋势。Thorney 场地测试 26 的两组实验数据分别记录了在重气释放源下风 50m 处的方形障碍物正面和背面两个测试点的浓度记录的时间序列。以上两组实验的测试结果将被用于对数学模型进行检验，并被用于结合数学模型对重气在复杂地形条件下的扩散行为进行分析。

3 数学模型的建立

3.1 重气扩散相关物理分析

3.1.1 泄漏喷射过程分析

重气的扩散和传输过程与泄漏源的情况紧密相关。泄漏源所包括的，诸如泄漏流速，泄漏源的质量流率以及泄漏口压力和温度等特征变量是耦合传输模型的重要参量。一般重气泄漏模型着重于传输和扩散过程，泄漏源往往只作为外在的条件，多以简化的连续泄漏源和非连续泄漏源的方式被引入模型。泄漏源气体流速参量通常被认为是常量。实际上，因泄漏源的类型以及原料物质的存储状态不同，泄漏发生的方式不同，泄漏流速产生的机理多样，对整个扩散和传输过程的影响方式多样。这意味着泄漏源物理对重气烟云的形态以及其传输扩散过程的影响十分复杂。然而正如综述中所提到，一定条件下，喷射容易产生含有重气液滴的气-液两相流，而且一定条件下，喷射过程可能产生滞塞流现象。这两个方面是泄漏源的主要物理特征。

高压过冷液体存储条件下的泄漏喷射，其液滴形成过程可以被定性描述为：所储存的物质泄漏至低压环境中，沸点降低发生气化，甚至闪蒸；气化过程伴随吸热，导致泄漏口泄漏气体浓度分布较高的局部区域温度下降，并伴有部分气体凝华并与空气中水分结合成为液滴。除此之外，还有液态物质在喷射流的作用下直接破碎形成液滴。整个过程气-液两相处于动态变化中，达到局部量的平衡状态。换言之，由于相变体系熵的增加，温度保持在略低于环境温度水平。体系的体积膨胀做功用于一部分物质的相变。对于相饱和条件下存储而泄漏喷射的气-液两相流，外界压力和温度处于相平衡 Clausius – Clapeyron 方程[23]曲线上。而此时物质以饱和状态泄漏至环境，整个过程可以视为等熵过程和绝热过程。此时液滴的形成主要归因于高压喷射对液态流体的破碎作用。

对滞塞流现象的物理解释可以是：由于流体的相对可压性，当流体从截面积较小区域通过到截面积宽广区域时流速会减少，而保持相对一致或稳定的体积流率。这样，流速的增加受到阻碍（即 Venturi 现象）。另一方面，罐体裂口内外存在较高的压力梯度对流体速度的增加产生推动力。两种现象综合使得速度存在上限值，而表现为滞塞流现象的发生。所以滞塞流发生的条件可以归纳为存储罐与环境间巨大的压力差和流体相对的可压性。对于可压性越明显的流体，滞塞流现象就越不容易发生，相反，对于相对不可压流体，泄漏流速阻碍明显。这表示，气相状态的泄漏物质的滞塞流流速极限要比气－液两相混合流的最大流速大得多。而且，对于气－液两相的滞塞流，闪蒸现象发生明显。这是因为，由于滞塞流，自泄漏口喷射出来的两相流物质处于一个较高于环境大气压的压力水平状态下，同时流体速度逼近上限，降压过程难以转化成加速过程，而只有通过液体到气体的相变吸收体积力做功（单位面积和单位时间内体积力所做功），而降低体系的高压状态，同时表现为气体比例的增加，即两相流体可压性状态的增加。存储压力与环境压力之间较高的压差是滞塞流现象产生的条件。

3.1.2   喷射源模型与传输模型的结合

将喷射源的信息与环境传输－扩散模型结合是源问题研究的出路。由于以下一些原因，并不适宜将喷射源建模直接整合入传输扩散建模之中。

（1）两者所考察问题的尺度不同。扩散－传输问题所研究的气体的运动和传输处在整个开放空间，研究尺度较泄漏源问题尺度大得多。问题的主要方面从对泄漏源流率的量的刻画转化为重气浓度传播的建模和危险范围的估计。

（2）所关注问题的物理过程和影响机理差距明显。源问题所考察的泄漏物质主要表现为两相流，压力、温度状态下的相平衡和随压力、温度变化的相转化是这个阶段物质变化重要方面；对于传输－扩散问题，主要研究气态泄漏物质的传播和质量平衡行为包括诸如压力和温度这些外界的状态因素对其影响表现为局部流场风速的改变。

（3）如遇滞塞流，将形成中间压力，而此自然而然地将源的喷射分属在两个不同的压力区域。或者说，当滞塞流发生时，在近泄漏口的一定范围内喷射物质以接近声速的高速传播。在两个区域——声速传播区域和低速传播区域里物质变化情况不同。

然而，从喷射到传播，整个过程仍然是同一次泄漏过程，应该保持其连续性。这意味着，对于大尺度的扩散－传输来讲，作为边界条件或其他诸多可能形式所引入的泄漏源信息应该保持完整，或者对能够刻画泄漏源的重要特征保持完整。但是过于简化的参数化泄漏源流率增加了复杂的扩散－传输模型不确定性和误差，而成为了越发精致的扩散－传输模型的遗漏，这与问题细化的初衷相悖。对于源问题模型的研究和与传输模型的整合方面而言，相对简化和模式化方法便显得尤为必要。

对源喷射问题，大多数研究者人为地将喷射流分为两个或两个以上部分。Fauske[26]和 Britter 等[23]在喷射口和环境压力之间设定一个中间压力位置，在此位置之前认为没有环境大气与喷射物质之间的卷流发生。通过中间阶段界面上的动量和焓与喷射口处的动量和焓总量相等的方式，给出两个位置上流速的关系。出于可燃性和爆炸安全性的考虑 Epstein 等[85]将喷射流按空气与喷射物质之间的卷流发生的强弱程度分为三个部分，混合气体空燃比例达到最低燃烧下限的混合区域为喷射区域的最尾端。对喷射流的划分虽然是人为的，出于研究目的和应用的需要，利于喷射流模型的简化，也利于喷射和传输模型的整合。为了将喷射源整合到传输扩散模型，需对喷射区域作出必要的划分，也是对源问题和传输扩散问题尺度差异的调和。我们模型研究设定中间压力接口，以此对整个重气扩散划分喷射源和传输、扩散模型两个部分。具体气态动态喷射源泄漏模型详见3.3.1 节。

3.1.3　重气液滴与两相流分析

泄漏物质的整个喷射距离，即从近喷射口附近的高压区域到环境压力的这段距离，长达几十米，有时到几百米。在此段距离的整个压降过程中，重气液滴或液滴的参与大大增加了重气扩散和传播问题的复杂性。高压重气将经历闪蒸、凝华、缓慢蒸发等过程产生液滴。存在液滴重气液滴时，除了液滴的成长或萎缩，大气卷流和液滴沉降同时发生，整个过程包括但不单纯为喷射。整个喷射距离中喷射云雾受大气浮力和自身重力而缓慢下行，同时与环境大气发生卷流稀释作用；体系所携带的液滴与气体重气之间发生质量交换；不同尺寸重气液滴之间以细碎或聚合的方式相互作用；除此之外，重气液滴与环境大气中污染重气气体组分之间发生凝华和挥发。而且重气液滴与气体属于两个运动体系，流态的相互影响方式机理复杂，并包含诸多不确定因素。因此，重气液滴属于重气扩散问题当中一个不可忽略的影响因素。

弱化不同尺寸液滴之间的相互作用和相互关系，现从重气液滴云团角度上对惰性重气液滴（不与大气其他组分之间发生化学反应的重气液滴）的质量分布形成的主要特征归纳为以下两个平衡和一个动态关系，将重气液滴相和气态重气分别视为两个不同整体，力图从两者关系和运动、传质的整体角度上把握由于喷射而形成的重气液滴体系的完整质量规律。

3.1.3.1　液滴和挥发气体相平衡下相间质量和能量分布的平衡

此将决定环境气氛中液滴质量总量的上界。由于环境压力和温度条件下的液态与气态物质处于相平衡状态，认为热量在液滴相的过多分布将产生气体挥发物。这意味着，在环境气氛中，超过相变饱和温度的环境温度所蕴含的过多热量决定了体系中所有相变产生的气体挥发物质量所能吸纳的热量。基于相同意义，Fauske 等[26]从焓平均的方式给出了气体挥发物最大质量分数 x 的估算的表达式。即：

$$x = \frac{c_{pl}(T - T_b)}{h_{gl}} \qquad (3-1)$$

式中，h_{gl} 为气液之间的相变焓。此方式被直接作为挥发气体的质量分数的估算已被应用于 Kiša 等[13] 含液氨重气液滴的重气扩散模拟研究当中。而且 Fauske[26] 给出了气体挥发物质量分数上界，出现在过冷液体储存时的喷射出口处：

$$x < \frac{c_{pl}T_{in}P_{in}(v_g - v_l)}{h_{gl}^2} \qquad (3-2)$$

3.1.3.2　重气液滴尺寸保持动态平衡

所形成的气溶胶液滴在环境中随时可能因碎裂或液态物质的挥发而形成尺寸更小的液滴，另一方面，细碎的液滴也会因为碰撞和因其对气态物质的吸收而形成尺寸更大的液滴。液滴的尺寸在宏观上表现为不确定性和随机性。然而在重气液滴挥发破碎、凝聚、凝结的动态过程中，其尺寸在自身张力与液体惯性力和环境条件下处于统计平衡状态。在一定外界压力和温度下，将形成相对稳定尺寸的液滴，其尺寸能够维持的原因可以描述为液体的表面张力与液体的惯性力之间的平衡。对于稳定液滴，Weber 数（液体的惯性力和张力的比例）保持在一个水平，这个值为临界 Weber 数 We_c，在一定外界压力和温度下这取决于液滴张力以及密度在内的液体本身的物理性质。从液滴半径与 Weber 数的正相关关系表面存在一个液滴的平均半径，而此主要取决于这种液滴物质本身的物理性质。当液滴的半径大于 We_c 数所规定的半径时，液滴表面张力较弱而不足以维持其尺寸，液滴易于发生碎裂；相反，当液滴的半径小于平均半径时，液滴的惯性力较小，液滴易于吸收气体组分，或者液滴一旦发生碰撞而容易积聚形成更大的液滴，达到惯性力与张力的平衡和更加稳定的尺寸。所以，微观视角下液滴的不断碎裂与凝聚的动态过程在宏观视角下表现为液滴尺寸维持在某种相对的平衡状态下，即不同半径（直径）的液滴在数量多寡上呈现出规律分布，平均尺寸周围易于集中较多数量的液滴。除此之外，液滴本身的黏度对液滴的平均尺寸有影响。这可以从无量纲数 Ohnesorge 数与 Weber 数的关系说明。Ohnesorge 数表示液滴自生黏性应力与其张力和惯性力的平方平均数之比。Britter[23] 引用了 Brodkey 早期关于临界 Weber 数与 Ohnesorge 数关系的研究，通过 Brodkey 对 We_c 的校正指出，随 Oh 数的增加，We_c 数起初在 12 附近保持平稳，之后 We_c 数随 Oh 数增加而陡峭上升。这种形态的单调增的关系说明，黏性越大的液滴越易于保持在较大的半径水平，液滴越不易破碎。但一般情况下液滴自身黏性对其半径的影响并不十分明显。

另一方面，液体的 Kelvin 效应指出由于液滴张力的存在阻碍了液滴的挥发。对于体积较小的液体，其挥发所需要的实际蒸汽压应大于其相变饱和蒸汽压。当环境温度变化不大，同时当液滴的自身张力为固定条件时，Kelvin 方程能够进一

步说明溶解气态物质的饱和蒸汽压对液滴半径的依赖程度和敏感程度。以微分方程形式重新书写 Kelvin 方程:

$$\frac{d}{dr_1}\ln\left(\frac{P}{P_s}\right) = -\frac{2\sigma}{R\rho_1 T}\, r_1^{-2} \tag{3-3}$$

可以看出,外界压力和温度能够决定液滴的临界半径。压力影响在于:若 $P < P_s$,则液滴将通过凝结增大其半径,使得液滴的挥发压力增大并在张力的参与下与外界压力平衡;反之,挥发压力过大,挥发现象明显,半径将减小。而且,既然外界温度升高饱和蒸汽压 P_s 将随之增加,所以在环境温度较高,P_s 较高的情况时,从 Kelvin 方程可以看出,只有当液滴的半径增大才能使得压力之比 P/P_s 达到与原来相当的水平,重新回到 Kelvin 方程所描述的平衡。这说明升高环境温度能够使液滴平均体积膨胀。

以上液滴内部的力平衡关系仅处于 $10^{-6} \sim 10^{-4}$m 的尺度范围内,个别液滴微粒的行为对重气的传输、扩散几乎没有介入。包含相当数量的微粒的碎裂、凝聚、挥发、凝华过程是一定环境温度压力条件下的动态平衡过程,在整体上综合地形成具有一定尺寸分布的气雾云团,并以气雾的形式参与到重气的扩散和传输当中。关于液滴颗粒尺寸的形成在一般视角范围内表现为随机性,相当数目的颗粒行为具有统计意义。正是由于液滴的这种统计特征,Rosin 和 Rammler 首先使用 Weibull 概率分布描述不同直径颗粒数目的分布情况。Rosin - Rammler (RR) 分布与基于此而改进的 Nukiyama - Tanasawa (NT) 模式被研究者广泛地应用于不同种类的颗粒和重气液滴的尺寸分布上[13, 48, 86]。

3.1.3.3 挥发物质与重气液滴之间的动态传质过程

重气组分在液滴和挥发气体之间存在质量分布的不平衡,导致动态传质过程发生。关于气相和液滴相两相之间重气组分的传质是液滴整体质量问题另外一个主要部分。对于体积较大的液滴内外传质随时发生并且传质明显,此决定了气体状态和液体状态中重气组分的分属,可以从另一个角度分别体现气体和液滴的质量关系。

空气中的水分与液态重气组分共同结合形成重气液滴。在液滴中的重气组分与液滴水分之间的关系可以看做是相互溶解的关系,并且液滴可以在一定程度上吸纳气态的重气,所以液滴与气态重气挥发物之间存在质量的交换和传质。气 - 液两相的传质过程是个复杂的动力学过程,甚至认为此与颗粒的尺寸相关[46],目前仍难以找到固定的模型能够统一不同种类液滴的传质过程。关于此 Rubel[87] 做了比较细致的研究,其将带电液滴悬浮于电场中,因传质而改变的液滴质量表现为力平衡状态下电场电压的改变而据此对传质进行测量。其结合了溶解与液滴表面薄层扩散机理,导出并于实验检验的传质模型指出摩尔传质速率与溶解挥发气态物质的环境和液滴内外饱和压力差成正比例关系。Edouard Debry

等[47]所使用的大气气溶胶扩散 SIREAM 模型中所描述相间传质的形式比较复杂，考虑到了 Kelvin 效应，对液滴表面的挥发气体浓度进行了换算。但传质速率同样取决于溶解挥发物质液滴内外浓度或压力的差别。Kiša 等[13]直接使用液滴内外浓度差正比于气液两相之间氨组分的质量传递速率。SIREAM 模型使用的相间传质模型形式可以是传质模型的一般归纳，其他传质模型可视为基于此的不同修改。现将其形式总结如下：认为在没有传输扩散发生时，由于单个半径为 r_1 的液滴中气体的挥发，通过传质进入液态中重气组分的浓度仅取决于两相之间浓度的差别，所有其他因素被近似归纳为传质系数常数 k_{gl}：

$$\frac{dc_{rl}}{dt} = 4\pi r_1^2 k_{gl}(k_{kel}c - c_{rl}) \tag{3-4}$$

式中，c_{rl} 和 c 分别代表此半径为 r_1 液滴中的重气质量浓度分数和气态中的重气摩尔浓度分数；k_{kel} 是 Kelvin 效应系数：据 Kelvin 方程，$k_{kel} = \exp[2\sigma/(RT\rho_1 r_1)]$。$k_{kel}c$ 用于对环境浓度（压力）的修正，修正后的结果往往大于原外界浓度（压力）。

实际上，对于半径为 r_1 的这种固定尺寸的液滴而言，形式 $k_{kel}c$ 正是 Henry 定律所定义的溶解平衡浓度（压力）。这从另一个角度阐释了悬浮液滴对重气组分的溶解效应：溶剂相（液滴）向气相的传质取决于液滴中过多、无法溶解重气组分的挥发。现在将单个半径液滴颗粒的传质方程推广到所有组成的液滴云团的水平：

$$\frac{dc_1}{dt} = \varepsilon^{2/3} k_{gl}(c^{eq} - c_1) \tag{3-5}$$

式中，c_1 代表所有液滴中平均分布的重气质量浓度分数；ε 为空隙率，是单位体积内液态液滴的体积，故而单位体积内液滴的表面积正比于 $\varepsilon^{2/3}$。假设 c^{eq} 满足广义的 Henry 定律，则定义：

$$c^{eq} = K_H c^{\gamma_H} \tag{3-6}$$

这样就在简化并综合了液滴的诸多包括挥发、凝结等的微观行为的条件下，直接表述了宏观重气云团气-液之间重气组分的传质过程。

3.1.4　大气稳定度与边界层风速

根据大气湍流发展的不同程度以及垂直对流现象发生的显著程度，将大气分为多个稳定等级。被广泛接受的 Pasquill - Gifford - Turner 稳定度（或称 Pasquill 稳定度）分类方式将大气稳定度分为 A 到 G 七个等级：A 为高度不稳定对流大气；B 为中性不稳定；C 为轻微不稳定；D 为中性大气；E 为中性稳定；F 为极端稳定。最后 G 表示夜间微风稳定大气的情况[88]。每个稳定等级与包括风速、R_i 数、温度梯度等的环境风场特征物理量之间有明显对应关系。引自文献［88］的表 3-1 具体指明了这种稳定度分类与部分气象要素之间的对应关系。

表 3-1 不同气象和风速条件下的 Pasquill 稳定度[88]

平均风速 /m·s⁻¹	白天日照辐射量/W·m⁻²				日出/黄昏	夜间云量（oktas）		
	强（>600）	中（300~600）	弱（<300）	阴霾		0~3	4~7	8
≤2.0	A	A-B	B	C	D	F/G	F	D
2.0~3.0	A-B	B	C	C	D	F	E	D
3.0~5.0	B	B-C	C	C	D	E	D	D
5.0~6.0	C	C-D	D	D	D	D	D	D
>6.0	C	D	D	D	D	D	D	D

Pasquill 稳定度划分是一种定性的分类方式，包括气团垂直加速运动的剧烈程度为 Pasquill 稳定度划分定性指标在内，稳定度划分的指标并不唯一。按照 Pasquill 稳定度的划分，处于不同稳定范畴的大气表现出不同湍流运动特征，这些特征可分别由大气位温标准差统计量，平均温度梯度统计量，50m 和 10m 铅直高度水平风速比 UR 范围等指标体现。表 3-2 给出了各类型稳定度条件下的以上各量的取值范围。A 到 G 类大气边界层湍流运动的稳定程度有不同的归类方法。Mohan 基于所使用的大量统计数据，以不同指针界定并区分大气稳定度。最不准确的划分是以位温的统计方差为指标的划分方法。

表 3-2 Pasquill 稳定度划分下的大气特征参数[88]

Pasquill 稳定度	位温标准差 σ_θ（-）	每100m 平均温度梯度 ΔT/Δz/K	风速比 UR（-）
A	>22.5	<-1.9	<1.186
B	17.5~22.5	-1.9~-1.7	1.186~1.207
C	12.5~17.5	-1.7~-1.5	1.207~1.258
D	7.5~12.5	-1.5~-0.5	1.258~1.59
E	3.75~7.5	-0.5~1.5	1.59~2.29
F	2.0~3.75	1.5~4.0	2.29~3.0
G	≤2.0	≥4.0	≥3.0

我们利用附录 A 给出的"不同分类标准相关性"数据处理方式和比较原理，比较了不同稳定度划分方式之间的关系。结果表明使用 Ri 数和 Monin-Obukhov 长度为指标划分大气流场稳定度与通常的 Pasquill 稳定度划分相对比较一致，表现出 Ri 数指标与 Monin-Obukhov 长度的一致性。再有，分别使用 Businger 和 Businger-Hicks 方式计算的 Ri 数为划分指标对大气稳定度的分类结果非常接近，但 Businger 的 Ri 数计算相对简单，这凸显了这种划分更具优势。UR 的划分处于中间，基本能够从相对风速的值判定边界层大气稳定度的分属。所以除了使用

Ri 数作为稳定度分析的指标外。水平风速比 UR 可以作为相对独立的稳定度划分指标。进一步，Monin - Obukhov 长度和 Ri 数是描绘大气边界层湍流的重要特征指针，同时，稳定度与平均水平风速的垂直分布在一定程度上一致或呈明显相关性。这为在以下模型的模拟中使用风廓线描述中性稳定条件下的边界层环境风速提供依据。

3.1.5　边界层大气湍流和主要湍流模型

湍流并非一种单独的物理现象，表现为不同环境或角度观测中的一系列诸多复杂特征的综合，是流体在高速流态下的复杂运动形式。这意味着，对湍流现象的认识及其应用模型的设计分析，一方面并不适宜从完全综合的或者整体的角度，拘泥于传统的机械决定论观点，或者另一方面在微观上牵绊于具体细节的复杂性与不确定性，采取不可预知的态度。对于湍流现象，应针对其所表现出的不同特征而采用不同的认识和分析手段处理和研究。

对于湍流，比较概括的定性描述可以是：流体对动能等流体所携带的能量的释放，通过传递和扩散的方式消散，当流体流速相对较大时稳定的传递和扩散以及分子黏性行为并不能有效地消耗这些动能，流体则通过所观察到的振动方式消耗多余能量。表观现象为流体开始产生涡旋，涡旋在局部产生更小的涡旋，直至涡旋碎裂。

由众多涡旋在流体下风方向组成不规则的流态，不规则流态以传播方向的改变和分化以及分子扩散这两种方式转变流体的动量并有效地分解流体能量。或者说，大涡旋携带外界的能量，逐级传递给次级的较小涡旋，直到涡旋的尺度小到分子黏性力主导其运动状态，达到局部雷诺数足够小的条件下。对于湍流现象的串级过程而言，从受力的角度上讲，流体的运动规律没有发生改变，然而主要在微观上流体的流态表现出了振动的特征。在微观上流体可以认为同样是在发生传输并受黏性阻碍，无非是黏性力取代惯性力成为影响流体运动的主要方式而使得连续流态表现出了振动的特征。从振动的角度解释，既然湍流的流体由诸多层次的不同尺度涡旋组成直到形成较大涡旋，而最终形成完整流态。则流体的特征量，如流速、质量和压力等则表现为不同微小的扰动叠加。在空间上尺度上，这些扰动有不规则性和周期重复性的规律，是不同波长的波的相互叠加。而在时间上的这些特征，则表现为不同周期波的叠加。对于此，存在直观的物理表征，即是流体动能波谱和频谱呈明显规律性。动能波谱可被明显分为 3 个区域，低波数含能涡区，中波数惯性区和高波数耗散区。惯性区以上动能随波数的增加单调减少。涡旋所携带能量在高波数耗散区随波数的增加而减小剧烈直至趋于 $0^{[64, 89]}$，频谱也呈现相同趋势[64]。

关于较大尺度的对流过程，直接以大气环流的方式认识湍流[84]。而守恒律以及不可压大气假设则成为了理论研究的依据。对于局部时间和空间范围内的充分发展的机械湍流则明显表现出两方面的特征。（1）波或振动的叠加现象。（2）小尺度湍流的随机运动特征。

统计方法也被引入到描述充分发展的，在较小尺度范围内的微小涡旋的湍流。而这种范畴的湍流现象是表现最为复杂的，并充满不确定因素。对于此随机数学得到应用。描述同一位置流体经过一段时间，或同一时刻相对距离之间流体的包括速度在内的主要特征变量之间的差异被认为是随机变量。而依据则是所观察到的微小尺度涡旋能够最终在任意局部达到各向同性的运动行为和尺寸的平均状态。Kolmogorov 从 Navier – Stokes 方程出发得到各向同性湍流，相对距离的速度统计特征的规律，并基于假设——充分发展的湍流在不同位置的速度随机变量相互独立，得到了著名的湍流速度白噪声随机过程的随机微分方程。这表明充分发展的小尺度湍流符合理论的随机性。对于此，试验也有所证实：固定距离之间的速度差，以不同的值出现的频数表现出显著的规律性而服从于某种概率分布，只有当测试点的距离较大（接近或大于 18cm）时，这个分布才接近正态分布。

对于一般尺度范围（m 到 km），使用振动或者波的认识手段描述湍流是较为主流的方式。实际上，目前在流体动力学（CFD）领域的两种主要的湍流模型——雷诺平均方法（RANS）和大涡模拟（LES）方法就是对流体的流速变量分别进行时间滤波和空间滤波，进而体现流体的平均运动特征的量化描述方法。雷诺平均法将过小频数的速度扰动滤掉，大涡方法将波数过小的涡旋滤掉，并将它们的影响综合为特殊形式的作用力归纳于流体的摩擦应力。这两种方法是工程应用和数值模拟方面的主要模型工具。

关于雷诺平均方法的主要思想是将流体流速分解成时间平均速度和扰动速度的和，并满足动量守恒律的 Navier – Stokes 流体动力学基本方程。目的在于得到时间平均的流速动量方程。而扰动速度则以某种应力的形式出现在流体的动量方程中，该应力项被称为雷诺应力。所以雷诺平均法的重点在于如何模式化雷诺应力。比较客观的方法称为涡黏模式，因为其考虑了两个标量——湍流耗散率和湍流动能的传输，并建立其与雷诺应力的关系。实际上，在数学形式上雷诺平均法对流体的一般运动方程作了含有雷诺应力项的修改。基于雷诺应力的不同数学形式，雷诺平均法被派生出诸多种类。拥有较高预报精度并被广泛采用的包括标准 e – k 模型，RNG e – k 模型和 Realizable 模型。标准 e – k 模型因计算复杂度小而已被广泛应用于不同类型重气扩散的应用研究中，但是由于其"各向同性"的假设，比较而言，标准 e – k 模型并不适用于复杂边界或者曲面边界计算域内湍流的模拟。e – k 模型也不适用低雷诺数模拟。但 RANS 模式对高风速区域的风场模拟与试验接近。改进的 e – k 模型比标准 e – k 模型略为准确。Realizable 模型较大程度上改进了"各向同性"的假设，较标准 e – k 模型在数学形式上更为复杂，能够适用于复杂地形或有障碍阻挡的条件，并在对漩涡的模拟上有更好的表现。普遍来讲 RANS 模型由于基于对流速的时间平均思想，在整个偏微分方程的计算机求解过程中对稳定计算时间步长的要求并不是非常苛刻，但准确性较低。而 RANS 一类模型中 Realizable e - k 模型能够综合表现出高精度和对不同传输扩散问题较灵活的预报适应性。

　　湍流研究的谱分析当中[89,90]，湍流速度经过傅立叶变换，速度被分解成不同波数（波长）的振动（或脉动）量的合成，研究者以这种方式直观地研究湍流脉动在各个波段上的分配，以及不同波段的脉动间的相互关系。谱分析的有用结论是，高波数（微小涡旋）的脉动速度在黏性的作用下以指数律形式衰减，且衰减的速率与波数的平方和脉动速度成正比。这表明由于黏性的作用，涡旋脉动的波数越大，此部分涡旋对流体流态的影响就会越快消散。这体现了由于黏性的作用，高波数涡旋脉动对流体流态的回馈影响十分微小，而可以被区别视之。

　　另一方面，在统计上，相对距离较远位置之间湍流速度的统计相关性接近于0，在一定相对尺度之间的速度脉动彼此相对独立，微小尺度涡旋对整体流态影响比较有限。因此将过小尺度的扰动过滤掉的大涡（LES）湍流模型的处理方式仍能够表达且并不改变空间中湍流运动的特征，而同时不失流体湍流运动的空间相对连续性。大涡模型采用滤波的方法把小尺度的涡旋滤掉，并模式化小尺度涡旋对整体流场的逆向影响。

　　大涡湍流模拟是在空间滤波思想上建立起来的一种对一般尺度湍流现象模拟预报的工程方法。大涡模拟产生于 1970 年，理论在不断完善。其思想就是将特定波数以上，或特定波长以下的脉动过滤掉，仅保留这个截断波数以上的流体的速度满足于动量传递的守恒律，而在动量传递的方程中，微小的扰动速度对动量传输的影响则以某种方式被模式化为应力的形式平均地作用于流体的动量传递。在能量传输方面，大涡模型模式化小涡向大尺度涡旋的湍能逆向传递。对于标量的微小扰动则模式化为特殊形式的扩散。这意味着经滤波处理后，大涡模型所描述的流体运动仅保留了相对大尺度空间平均的物理量的传递守恒定律。

　　所以，被过滤掉的涡旋的尺度是影响大涡模拟精确程度的主要和关键因素之一，这与流场计算网格划分的精细程度有关。自然，越细的网格划分得到的流场模拟越精确。对于均匀划分的网格，波长小于网格尺度的 $1/\pi$ 的速度脉动应完全被滤掉，而此部分被称为亚格子（或次网格）脉动。根据对亚格子脉动的建模方式的不同张兆顺等[89,90]将大涡数值模拟分为唯象亚格子模型、结构型亚格子模型和理性亚格子模式。在技术上，为了使亚格子应力达到收敛精度，大涡模拟需要对 Navier - Stokes 方程的导数项采用高精度的近似方法，这一点大大增加了大涡数值模拟的计算存储成本。不仅如此,不同于雷诺平均的时间平均方法,大涡模拟是对涡旋进行空间平均,这就要求更高分辨率的时间网格划分,捕捉流态的瞬时信息,也增加了计算机迭代求解的全部计算时间。

3.1.6 Smagorinsky – Lilly 湍流模型

由于 LES 在计算成本上比较"昂贵",LES 相对于 RANS 在重气或边界层物质扩散的研究中应用比较少。Sklavounos[65]比较研究了不同湍流模型在重气扩散上的表现,以处于中性小风稳定大气条件的 Thorney 场地试验的数据为背景资料和模型的验证,却给出了不同结论:涡扩散模型和亚格子模型给出了相似的结果,而 LES 却使用了大量计算机资源。当中的原因是这两种模型都基于流体动力学方程,实际上相对平稳的流场并不能明显区分两种湍流模型。结合 LES 在时间离散上的高解析分辨率和对涡旋刻画的完整性,被应用于障碍物背后涡旋流场的模拟和近壁面湍流,以及燃烧过程的剧烈热流的模拟。应该说,比较起其他湍流模型,大涡模拟从机理揭示到实际预报上都能表现得更为客观和优秀,随着计算机技术的发展大涡模拟方法的计算成本高的缺点将逐渐得到弥补,大涡模拟方法较涡扩散类湍流模型有更广阔的应用空间。

大涡数值模拟静态 Smagorinsky – Lilly 模式是计算机计算时间复杂度相对较小的大涡模拟涡黏模型[89, 90]。当中使用的平均量皆是空间滤波后的平均量。首先,不可压流体的动量守恒律 Navier – Stokes 方程的滤波形式为:

$$\frac{\partial \overline{u}_i}{\partial t} + \frac{\partial \overline{u}_i \overline{u}_j}{\partial x_j} = -\frac{1}{\rho}\frac{\partial \overline{P}}{\partial x_i} + \mu \frac{\partial^2 \overline{u}_i}{\partial x_j^2} + \frac{\partial}{\partial x_j}(\overline{u}_i \overline{u}_j - \overline{u_i u_j}) \qquad (3-7)$$

其中亚格子应力定义为:

$$\overline{\tau}_{ij} = \overline{u}_i \overline{u}_j - \overline{u_i u_j} \qquad (3-8)$$

其次,标量(如温度、浓度)扩散模式:

$$\frac{\partial \overline{\phi}}{\partial t} + \overline{u}_j \frac{\partial \overline{\phi}}{\partial x_j} = K_\phi \frac{\partial^2 \overline{\phi}}{\partial x_j^2} + \frac{\partial}{\partial x_j}(\overline{u}_j \overline{\phi} - \overline{u_j \phi}) \qquad (3-9)$$

LES 湍流亚格子标量通量定义为:

$$\pi_j = \overline{u}_j \overline{\phi} - \overline{u_j \phi} \qquad (3-10)$$

大涡模拟的亚格子涡黏 – 涡扩散模型:

$$\overline{\tau}_{ij} = 2\nu_t S_{ij} + \frac{1}{3}\delta_{ij}\overline{\tau}_{kk} \qquad (3-11)$$

$$\pi_i = k_t \frac{\partial \overline{\phi}}{\partial x_i} \qquad (3-12)$$

式中，S_{ij} 为平均变形率张量，其定义为：

$$S_{ij} = \frac{1}{2}\left(\frac{\partial \overline{u}_i}{\partial x_j} + \frac{\partial \overline{u}_j}{\partial x_i}\right) \tag{3-13}$$

Smagorinsky – Lilly 模式是第一个湍流黏度的亚格子模型，其将湍流黏度模式化为：

$$\nu_t = (C_s\Delta)^2\sqrt{2S_{ij}S_{ji}} \tag{3-14}$$

式中，C_s 为常数参数 ≤0.18，在靠近壁面边界处有所修正[90]；Δ 是网格细度，对于均匀网格应取各向网格尺度的几何平均数。至此动量传输方程可以封闭。为使标量扩散方程封闭，最简单的唯象模型引入取值范围在 0.7 ~ 1 之间的常数——湍流普朗特数 Pr_t 和湍流施密特数 Sc_t，规定涡黏系数与热扩散系数以及涡黏系数与分子扩散系数的比例。以 $k_t = \nu_t/\sigma_t$ 表示温度扩散系数或者分子扩散系数。对于湍流热扩散，σ_t 代表 Pr_t；对于湍流分子扩散，σ_t 代表 Sc_t。

3.2　框架模型

3.2.1　改进的重气浅层模型

对于二维守恒律模型，只要引入并计算重气（或重气与空气混合气体）主要质量部分所集中的高度（范围）变量，皆可称为浅层模型。二维守恒律模型能够在近地表附近建立气体传输各量的守恒律关系，突出爬流现象和水平面或地表面上的气流运动，节约计算机编程时间和计算成本，其应作为稳定或中性大气边界层条件下有害污染重气扩散模型模拟的工程应用模型的优选。

以往二维浅层模型在不同方面尚存在完善的余地。对于 TWODEE 浅层模型[22, 32, 34]，模型所考虑的浅层高度是整个大气 90% ~ 95% 气体质量所集中的铅直高度。此范围囊括了大部分甚至整个大气边界层范围内流态仅保留水平速度，并认为高度范围内气流在垂直方向上所有位置的水平流速一致，这种大范围内的气体流速的平均化丢失了大量的传输细节和地表信息，未能着重突出重气在地表的爬流现象。其次在数学上，TWODEE 中的质量传输模型未能保证混合气体密度处于重气密度和空气密度所规定的密度范围附近，在过高的源泄漏速度条件下将出现局部混合气体密度过高，甚至高于重气密度的谬误。DISPLAY – 2 模型[35] 较 TWODEE 模型增加了（二维）总能方程，形式过于复杂，需要考虑整个计算区域上的铅直速度，不利于对模型的完善升级和修正。而且，目前所有浅层模型关于浅层高度的方程都基于混合气体不可压假设。这种假设比较粗略，严格意义上环境大气和重气混合气体并不属于不可压流体，仅有在接近中尺度或更大尺度范畴内大气才近似表现出不可压流体的性质。我们所改进的浅层模型和其他浅层模型的比较见表 3 – 3。

表 3－3　改进浅层模型与 TWODEE 和 DISPLAY－2 浅层模型的比较

浅层模型 项目	改进浅层模型	TWODEE	DISPLAY－2
反映气体可压性	是	否	否
浅层高度范围	近地表重气云团高度	90%～95%气体质量范围	近地表重气云团高度
总质量范围	介于大气和重气密度之间	无	无
组分质量方程	无	无	有
曲折地形影响的体现	重力势能做功	地表坡度	无
障碍物的影响	设定特殊边界条件 （见 5.1.1 节）	无	人为设定障碍物压降
卷流速度中体现大气 与重气密度差异	是	否	否
密度垂直分布连续性条件	满足	不满足	不满足

　　鉴于此，我们以气体传输中质量、动量和能量守恒律为原理，建立一个在地表面描述重气运动的全新二维模型，属于浅层模型一类。完善了以往此类模型在理论和实际应用上的不足，结合气体可压性质改写体积守恒方程。并且提出了模型适用于小尺度（<1km）和中小尺度及以上（>1km）山地地形两种重气传播范围的适用准则。大气边界层气体动力学模型尺度说明参见图 3－1。此二维浅层模型包括气体运动七个方面的内容：气体可压性、体积守恒、质量守恒、动量传输守恒和能量守恒、大气卷流速度的模式化以及密度垂直分布。整个二维浅层模型各方程的推导过程参见附录 B。模型以偏微分方程组的形式给出，本节针对动态传输过程建模暂不考虑存在因喷射产生重气液滴的耦合问题和喷射源模型的具体形式。

3.2.1.1　各变量的定义

　　首先定义在二维平面上，浅层高度 h 范围内的重气与空气混合密度的平均值 $\bar{\rho}$：

$$\bar{\rho} = \frac{1}{h} \int_{z=0}^{z=h} \rho \mathrm{d}z \tag{3-15}$$

以及温度平均值 $\bar{T}$：

$$\bar{T} = \frac{1}{h} \int_{z=0}^{z=h} T \mathrm{d}z \tag{3-16}$$

浅层范围 h 内，混合气体水平传输速度各分量服从：

$$\overline{\rho u_i} = \frac{1}{h} \int_{z=0}^{z=h} \rho u_i \mathrm{d}z \tag{3-17}$$

3.2.1.2　气体的可压性

可压常数：

$$\beta = -\frac{1}{V}\frac{\partial V}{\partial p} \tag{3-18}$$

式中，V 表示气体体积；p 表示气体压力。其意义可以叙述为，增加（减少）气体压力时气体体积随之减少（增加）的量所占体积的比率。通常情况下为常数。对于不同的介质 β 不同，对于相同介质通常 β 在特定温度范围内是固定常数。从而对于流体体积的改变可以直接得到可压流体速度，满足：

$$\nabla \cdot v + \beta \frac{\partial p}{\partial t} = 0 \tag{3-19}$$

以速度体积通量的含义可以解释任何位置上的速度向量散度的意义，其表示因速度的输送而携带出（入）当前位置的体积的体密度，即单位元时间内因输送而增减的相对体积比率。守恒关系和可压性条件规定，除了因传输能够导致体积改变或迁移，仅有压力的压缩或释放能够改变体积，此为方程（3-19）的物理意义。明显地，当流体为严格不可压，或在忽略其可压性的条件下，式（3-19）将退化为速度散度为 0，此与较大尺度范围内由大气密度连续方程所得到的不可压结果一致。式（3-19）能够正确表现流体可压性普通原理。对于二维问题，应直接使用水平或地表切向速度的散度。

3.2.1.3　体积恒算

浅层高度，即考察范围内的气体流体的铅直高度，包含另外一层含义：单位地表面积上考察范围内的气体体积。基于此，并根据守恒律，单位面积上的体系体积除了因气流的传输和携带而改变，可压性、泄漏源的喷射和大气卷流影响其增减。经恒算得到浅层高度的传输模型：

$$\frac{\partial h}{\partial t} + \bar{u}_i \frac{\partial h}{\partial x_j} = \beta h \frac{\partial p}{\partial t} + w_{\text{ent}} + w_{\text{sou}} \tag{3-20}$$

式中，w_{ent} 和 w_{sou} 分别表示环境大气的卷流速度和泄漏源的喷射速度，或者可以更清晰地表述为单位时间内在单位地表面积上因卷流携带作用和泄漏源的喷射行为而分别导致的体系体积增量。

3.2.1.4　质量恒算

除了体系外喷射泄漏源和大气卷流两方面的影响和对密度的增减的贡献以外，体系气体质量守恒。浅层内体系平均密度方程（推导过程参见附录 A）如下：

$$\frac{\partial \bar{\rho}}{\partial t} + \bar{u}_i \frac{\partial \bar{\rho}}{\partial x_j} = (\rho_{\text{d}} - \bar{\rho})\frac{w_{\text{sou}}}{h} - (\bar{\rho} - \rho_{\text{a}})\frac{w_{\text{ent}}}{h} + r_\rho \tag{3-21}$$

式中，ρ_{a} 和 ρ_{d} 分别表示大气密度以及气态重气密度；r_ρ 为反应源项，在存在汽液两相传质以及化学反应时非 0，其他情况下为 0。另外，重气组分平均质量浓度分数按照下式估算：

$$\bar{c} = \frac{\bar{\rho} - \rho_a}{\rho_d - \rho_a} \tag{3-22}$$

重气的平均体积浓度为：

$$\bar{c}_V = \frac{\bar{c}\,\bar{\rho}/M_{dense}}{(1-\bar{c})\bar{\rho}/M_{air}} = \frac{(\bar{\rho} - \rho_a)M_{air}}{(\rho_d - \bar{\rho})M_{dense} + (\bar{\rho} - \rho_a)M_{air}} \tag{3-23}$$

3.2.1.5 动量恒算

除了体系外大气边界层风场以及泄漏源喷射流速对体系动量的贡献以外，浅层体系中动量在地表切平面上 x、y 两个方向上满足动量守恒规律。为模型简化和适应于地表附近模拟的需要省略科里奥利力。则：

$$\frac{\partial \bar{u}_i}{\partial t} + \bar{u}_i\frac{\partial \bar{u}_j}{\partial x_j} = -\frac{1}{\bar{\rho}h}\frac{\partial ph}{\partial x_j} + \frac{\mu}{\bar{\rho}h}\frac{\partial}{\partial x_j}h\frac{\partial \bar{u}_j}{\partial x_j} + \frac{\rho_a(u_{ai} - \bar{u}_i)w_{ent}}{\bar{\rho}h} + \frac{\rho_d(u_{soui} - \bar{u}_i)w_{sou}}{\bar{\rho}h}$$

$$+ \frac{1}{h}\frac{\partial \tau_{SGSij}h}{\partial x_j} - C_f\bar{u}_i|\boldsymbol{v}| \tag{3-24}$$

式中，u_{ai} 和 u_{soui} 分别是环境大气和重气泄漏源喷射流速的分量，其中 $u_{souz} = w_{sou}$；参数 C_f 是地表摩擦系数，此参数的选择应综合考虑到包括城市楼宇在内的地表粗糙情况；τ_{SGSij} 是大涡湍流模型亚格子应力张量分量；压力 p 的选择与模型的应用和模拟的尺度有关。

3.2.1.6 能量恒算

除了体系外大气边界层的环境温度和泄漏源喷射温度对体系能量的贡献以外，浅层体系能量守恒。从气体显热传播的角度解析能量守恒关系：

$$\frac{\partial T}{\partial t} + \bar{u}_i\frac{\partial T}{\partial x_j} = \frac{1}{c_p\bar{\rho}h}\frac{\partial}{\partial x_j}\Big[(K + K_{SGS})h\frac{\partial T}{\partial x_j}\Big] +$$

$$\frac{\rho_d w_{sou}(c_{pd}T_{sou} - c_pT) + c_{pa}\rho_a w_{ent}(c_{pa}T_{env} - c_pT)}{c_p\bar{\rho}h} \tag{3-25}$$

式中，K 是热扩散系数；c_p、c_{pd} 和 c_{pa} 分别是混合气体、重气以及空气的比热；T_{sou} 和 T_{env} 分别是源温度和环境温度；K_{SGS} 为大涡湍流热扩散系数。

3.2.1.7 卷流速度

卷流过程与诸多复杂因素有关，主要由重气体系与大气体系之间的密度差异与速度差异造成，属于大气湍流运动的一部分。此处所使用的卷流速度公式与 TWODEE 模型所引用的经验公式一致，并作必要改动。为体现环境大气的湍流运动、重气与大气的相对剪切运动以及地表摩擦对卷流三方面的影响，继承箱式模型[32]或者积分喷射模型[35]等简单模型中的卷流描述方式，Hankin[32]将这三方面的因素结合到表观速度 v_s 中，具体为：

$$w_{ent} = \frac{a_{ent}}{1 + b_{ent}R_i}v_s \tag{3-26}$$

表观速度：

$$v_s = \sqrt{u^{*2} + (c_2 w^*)^2 + C_f (c_3 u)^2 + c_4^2 |v - v_a|^2} \tag{3-27}$$

式中，a_{ent}、b_{ent}、c_2、c_3 和 c_4 是拟合参数，并且皆为正数。Robins 等人在使用风洞手段研究中性大气、粗糙地表条件下的重气扩散行为时[91]通过实验验证了这种经验公式，指出，在 $Ri < 15$ 的中性或更不稳定条件下，式（3-26）给出的卷流速度与实测拟合较好。

卷流发生的条件是重气与环境大气之间的相对明显的密度差异，以及环境风场与浅层范围内重气和空气混合气体之间的流速差异。实际上，当两者在这两方面的差异较大时，在较短时间范围内，卷流过程甚至会发展成 kelvin – Helmholtz 不稳定。卷流促使低密度环境大气与高密度重气体系之间的密度趋于一致，即使当混合气体体系在瞬时密度低于环境气体时，体系密度因卷流作用有增加的趋势。从另一个角度讲，卷流过程的实质是两个体系之间的传质过程。所以垂直方向上的卷流速度量化的是外部环境大气与浅层内混合气体体系之间传质的体积通量，即通过单位接口面积体积传递速率，属于正标量。而式（3-26）主要强调了体系之间的速度差异，对于密度差异是造成卷流发生的另外条件却未能体现。为避免 0 密度差异时卷流仍继续发生的悖谬，式（3-26）中应当包括密度差异部分。模型采用如下形式的卷流速度：

$$w_{ent} = \frac{a|\bar{\rho} - \rho_a|v_s}{1 + bRi} \tag{3-28}$$

沿用式（3-27）定义的表观速度 v_s。Ri 数或者被提前设置为常数，或者在模拟迭代中采用以下与 TWODEE 模型[32]的相似估算方法估算：

$$Ri = \frac{\rho_a g h}{\rho v_s^2} \tag{3-29}$$

3.2.1.8　密度的垂直分布律

在二维守恒律方程的基础上得到了各地表位置上浅层高度范围内密度的平均值，模型并没有给出密度在高度范围内的垂直分布情况。TWODEE 模型使用指数分布律近似描述密度随高度的变化情况。理论根据是等温大气层结的大气密度指数分布规律[49]。同样的，这里所提出并使用的模型中重气组分的密度垂直分布规律依然满足指数规律。并且浅层模型密度的垂直密度分布率应同时满足以下三个条件：

（1）指数规律：$\rho(z) = c_0 \exp(-c_1 z)$；

（2）连续性条件：$\rho(h) = \rho_a(h) = \rho_a$；

（3）中值条件：$\rho(\theta h) = \bar{\rho}$，当中 $0 < \theta < 1$。

根据大气密度的指数垂直分布关系[49]立即得到该浅层模型密度垂直分布：

$$\rho(z) = \frac{\bar{\rho}^2}{\rho_a} \left(\frac{\rho_a}{\rho} \right)^{\frac{z}{\theta h}} \tag{3-30}$$

3.2.1.9 尺度适应性应用准则

由于模型对象所考查的尺度范围不同，模型的精确程度和所要刻画对象的主要特征不同，模型存在不同尺度的应用准则。图 3-1[92] 示意说明了开放边界层模型的尺度层次。针对本书所改进的二维浅层模型，以下说明此模型在小尺度（或局部尺度）以及城市及以上中尺度的具体应用。对于重气处于稳定的运动状态下，环境气流对局部气体的运动的贡献主要体现在动量携带和卷流上，因而作为背景条件的环境大气分压的局部空间差异（梯度）对流速的影响可以忽略。重气与大气混合气体的运动受重气组分质量分布不均因素所主导。

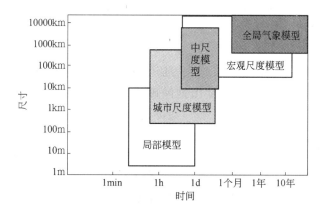

图 3-1 模型尺度的层次

在小尺度条件下——尺度（单位为 m）的量级小于等于 10^2 范围内，压力采用理想气体的相对压力：

$$p = \frac{RT(\bar{\rho} - \rho_a)}{M_{\text{dense}}} \tag{3-31}$$

环境大气密度 ρ_a 为常数。在小尺度条件下存在坡面和山地等复杂地形时，应在不同方向的动量方程（3-24）中加入重力分力加速度项：

$$g_{ei} = -\frac{g}{2h} \frac{\partial(h+e)}{\partial x_i} \tag{3-32}$$

同样，在较大尺度的计算当中可以按照小尺度的压力式（3-31）和地表重力分量式（3-32）的方式计算重气扩散，以较高的模型分辨率获得更高的求解精度。以下中尺度的模型的近似实际上是对重气动态传播过程模拟相对较低网格分辨率的简化。

对于城市尺度或更大的中尺度范围山地地形条件，山地形态对重气的整体运动起主要影响，模型需根据尺度特征应作出适应性调整。注意到虽然地表高低不同，但地表表面速度接近于0，地表面被视为等压面。因此压力坐标的二维模型更能够适应中尺度或城市尺度，曲折地形地表等压地表面上重气的浅层运动。为此现将二维模型改为压力坐标形式。由于原二维模型无铅直坐标，根据压力坐标下忽略科里奥利力的大气水平运动方程组[93]，关于压力坐标的模型改动只针对压力梯度力，其他部分均保持不变。具体地，压力梯度项则被替换为地表等压面上、浅层高度内、单位质量的平均重力势能的梯度：

$$\left[\nabla(\overline{\varPhi_g}h)\right]_P = \nabla\left(\frac{1}{h+e}\int_{z=0}^{z=h+e}\overline{\rho}gz\mathrm{d}z\right)h = \nabla\left[\frac{1}{2}\overline{\rho}g(h+e)h\right] \quad (3-33)$$

式中，$e(x, y)$ 为地表曲面方程，通过从个旧市等高线地形图得到的高度数据插值得到。实际上这等同于使用平均静压代表传输压力：

$$p = \frac{1}{2}\overline{\rho}g(h+e) \quad (3-34)$$

压力坐标的二维浅层模型能够在地表等压面的角度上，体现出不同高度重力势能差对重气所做功，适用于中尺度山地崎岖地表重气主要运动特征的动态传输模拟。

3.2.2　三维重气传播扩散模型

含重气在内的污染气体的传播扩散过程发生在整个三维空间中。三维流体动力学（CFD）守恒律模型是此类问题的最直接的解析方式。比较于二维模型，三维模型直接反应三维传输现象，而且对于地形以及楼宇等障碍物三维模型有更为方便和直接的建模和处理方式；鉴于三维模型的计算需要花费高昂的计算成本，包括大量的存储空间和时机，对于预报和风险评估而言，二维模型仍有优势。尽管如此，由于机理刻画的完整性，三维模型作为研究模型有着不可替代的意义。在中尺度范围内，针对重气或者污染气体的自身传播特点，将污染预报模型与气象模型区别开来，并同时反应中尺度大气传播对污染扩散的影响是三维重气传播守恒律模型应主要解决的问题。

对于边界层大气条件下的重气扩散问题，中尺度气体动力学方程组假设大气密度恒定而不可压[49]；而当大气中混合有污染气体，整个体系中不仅气态重气的相对摩尔（或体积）分数是个变量，气体的整体密度也随时改变。此二元大气重气组分的局部密度分布不均直接影响空间中的压力场，而表现出复杂的气体传输速度分布；两者之间相互影响，直至体系趋于环境均匀状态，达到与一般气象条件下的背景大气一致的状态。针对大气边界层的传输特点，以及中尺度流场特点，我们改进的三维模型主要刻画气态污染物传输的局部动态特征，可压流体动力学方程组被用于建立重气传输扩散模型。

另一方面，中性大气边界层的垂直风廓线作为边界条件引入模型。模型结合大涡湍流 Smagorinsky - Lilly 模式给出边界层湍流现象的量化描述。关于曲折山地地形对重气传输、扩散影响的模式化，我们使用坐标变换的方法处理。该方法直接在数学形式上解决复杂边界给网格设置带来的困难，具体的变换方式详见 5.3.1 节。本节三维守恒律模型暂仅局限于气态重气的传输，不考虑因喷射形成的重气小液滴以及与其相关的相变现象。模型由质量、动量和能量的三个方面的守恒律组成。模型与传统 CFD 重气模型的改进主要体现在模型引入了动态泄漏喷射源对重气传输的影响上。本节不涉及动态喷射源模型的具体形式。我们仅使用该模型对恒定流率喷射源的个旧地形泄漏情景的重气扩散进行了模拟和检验。为了表述的清晰，以下 CFD 模型公式皆以梯度算符的形式给出。

3.2.2.1 质量恒算

二元混合大气总密度连续方程：

$$\frac{\partial \rho}{\partial t} + \nabla \cdot \rho v = r_{\rho d} + r_\rho \qquad (3-35)$$

式中，∇ 为直角坐标系下的梯度算符，具体形式见表 5 - 3；r_ρ 为反应源项，在存在汽液两相传质以及化学反应时非 0，其他情况下为 0；另有泄漏源密度变化率 $r_{\rho d}$，用于模式化泄漏源对重气空气二元体系质量传播的影响：

$$r_{\rho d} = \frac{d\rho_d}{dt} \qquad (3-36)$$

摩尔分数 c 的组分守恒方程：

$$\frac{\partial \rho c}{\partial t} + \nabla \cdot \rho c v = \nabla \cdot \left[(D_d + D_t)\rho \nabla c \right] + c r_{\rho d} + c r_\rho \qquad (3-37)$$

或者根据连续方程（3 - 38）此被写为：

$$\frac{\partial c}{\partial t} + v \cdot \nabla c = \frac{1}{\rho} \nabla \cdot \left[(D_d + D_t)\rho \nabla c \right] \qquad (3-38)$$

相对于连续方程而言，组分守恒方程主要刻画质量传播中的扩散机理。扩散机理能够解释连续方程规定的压力平衡状态下局部无风地区污染物的迁移，并进一步导致压力动态发展的现象。当中 D_d 为重气组分的分子扩散系数常数，D_t 为湍流扩散系数，后者由大涡模型具体给出。

3.2.2.2 动量恒算

$i = 1$，2，3 分别标记各三维坐标方向的动量，各方向的动量守恒律方程如下：

$$\frac{\partial u_i}{\partial t} + v \cdot \nabla u_i = -\frac{1}{\rho} \nabla P + \left(1 - \frac{\rho_a}{\rho}\right)g_i + (u_{soui} - u_i)\frac{r_{\rho d}}{\rho} +$$

$$\frac{\rho_d}{\rho} r_{usoui} + a_i + \nabla \cdot \tau_{SGS} - C_f u_i |v| \qquad (3-39)$$

式中，$g_3 = -g$，$i = 1$ 或 2 时 g_i 为 0。模型考虑了环境大气对重气体系的浮力。$-(1 - \rho_a/\rho)g$ 为铅直方向上单位质量气体微元所受重力与大气浮力的合力。τ_{SGS} 是大涡湍流模型亚格子应力张量分量。a_i 是 i 方向的科里奥利力分量。式 (3 - 39) 中最后一项是城市楼宇对气流动量传输的摩擦阻力，摩擦曳力系数 C_f 的取值取决于楼宇的分布情况，可简化的表达为高度的函数，根据城市建筑物的平均高度 C_f 在高度较低的地区较大，反之较小，甚至为 0。依据刘红年等的实验和模拟研究 C_f 的上界可以在 0.4 以上[56]。传输泄漏源泄漏速度变化率：

$$r_{usoui} = \frac{\mathrm{d}u_{soui}}{\mathrm{d}t} \tag{3 - 40}$$

所以动量方程中 $(u_{soui} - u_i) r_{\rho d} + \rho_d r_{usoui}$ 的意义是单位时间内因为源的动态喷射使体系中的动量增加量。

3.2.2.3　能量恒算

能量的传播主要针对温度的传输和扩散方面：

$$\frac{\partial T}{\partial t} + \mathbf{v} \cdot \nabla T = \frac{1}{c_p \rho} \nabla \cdot \left[(K + K_t) \nabla T \right] + \frac{c_{pd}(T_{sou} r_{\rho d} + \rho_d r_{Td})}{c_p \rho} \tag{3 - 41}$$

式中，K 是热扩散系数；K_t 为湍流扩散系数；c_p 和 c_{pd} 分别是混合气体、重气的比热。泄漏源的温度变化率：

$$r_{Td} = \frac{\mathrm{d}T_d}{\mathrm{d}t} \tag{3 - 42}$$

对于一般喷射源 $r_{Td} = 0$。

3.2.2.4　气体状态方程

重气与空气二元混合气体压力应满足理想气体状态方程。由于已单独考虑了混合气体所受空气的浮力、背景大气的相对稳定性以及局部空气与重气的二元混合气体的分布不均对流体运动加速其主导作用三方面原因，压力应是混合体系中重气的相对压力：

$$p = \frac{RT(\rho - \rho_a)}{\overline{M}} \tag{3 - 43}$$

对于摩尔分数 c，混合气体分子量是：

$$\overline{M} = cM_{dense} + (1 - c)M_{air} \tag{3 - 44}$$

3.3　辅助模型

3.3.1　泄漏源模型

我们模式化了动态气态喷射泄漏源泄漏的情况。对于比较复杂的动态泄漏源，泄漏流率标量 $|u_{sou}|$（m/s）与泄漏质量通量 G（kg/（m^2 · s））和变化中的泄

漏源重气密度 ρ_d（kg/m^3）有关。

当泄漏口面积 $A_{Orifice}$ 固定，泄漏物质的温度保持在 T_{sou} 恒定时，泄漏口所喷射出的重气密度 ρ_d 随时间的变化规律满足以存储罐为体系的整体质量守恒关系：

$$V_{Tank} \frac{d\rho_d}{dt} = - A_{Orifice} G_d \tag{3-45}$$

式中，V_{Tank} 为存储罐体积；G_d 为气态喷射源单位面积的质量流率[23,28]：

$$G = C_D \rho_d \sqrt{2 \frac{RT_{sou}}{M_{dense}} \left(\frac{\gamma}{\gamma-1} \right) \left[\left(\frac{\rho}{\rho_d} \right)^{\frac{2}{\gamma}} - \left(\frac{\rho}{\rho_d} \right)^{\frac{\gamma+1}{\gamma}} \right]} \tag{3-46}$$

式中，γ 为气体绝热指数 $\gamma = c_p/c_v$。气态动态喷射源应用于二维浅层模型时，应使用浅层体系内混合气体的平均密度 $\bar{\rho}$ 代替式（3-45）中 ρ。

在动态喷射情况下，用于整合泄漏喷射源模型和传输-扩散模型的中间压力接口位置处的质量流率当与喷射源泄漏喷射口处的质量流率相等，根据此质量恒算关系可以得到泄漏流率标量 $|u_{sou}|$ 的估算方式：

$$|u_{sou}| = \frac{GA_{Orifice}}{\rho_d A_{Interface}} \tag{3-47}$$

式中，$A_{Interface}$ 为喷射源与传输体系之间的有效接口的面积。泄漏源速度各分量的方向由喷射泄漏源具体情况确定。并且在接口面积上喷射源具有一致的喷射泄漏流速。

3.3.2 含重气液滴的重气传播扩散模型

对于重气液滴的形成和传播，由于问题所涉及的内容丰富，饱含凝华、溶解和挥发等气、液两相传质的诸多细节以及重气液滴之间的结并、细碎等方式的传质复杂因素，追求完整的和过于复杂的重气液滴模型并不实际。为了模型设计的优化和模型实际应用的高效性，应将重气液滴云团和气态重气分别视为两个不同的整体，从气、液两相间关系上和整体角度上描述重气液滴体系的完整质量规律，建立重气液滴模型。

对此，首先提出以下假设：

（1）液滴成分只包括溶解或凝结的重气和水。

（2）气液两相的传质主要包括液滴的蒸发、溶解和凝结过程。

（3）液滴云团的体积因相间传质会发生改变。

（4）由于单个液滴体积微小，两相间传热迅速，假设认为液态物质的温度和气体的温度总保持一致，处于同一个温度体系。

（5）近似认为由重气液滴云团和含有重气组分的气体的两相混合流为同一个运动体系，以混合体系的平均运动速度刻画液滴云团和气体的近似传输速度。

其次，除了已有的液滴中因相变转化成的气体重气的相对质量分数 x 变量

（如式（3-1）所定义）以外，最为精简地归纳出能够从整体上体现含液滴的重气体系的质量和体积特征的两个变量，这两个变量是：

（1）液相的相对体积 ε，即单位体积内液滴的总体积。

（2）液相中重气组分的质量分数 c_1，即单位质量液滴中所溶解、凝结或凝华的重气组分的质量。根据定义和假设，推导出各变量的变化率满足如下一系列关系，具体推导过程参见附录 C。现为叙述方便定义记号：$\alpha = 1 - \rho_{H_2O}/\rho_{dl}$，其中 ρ_{H_2O} 和 ρ_{dl} 分别是液态水和液态重气的密度常数。

首先，因气、液两相传质，气体密度发生改变。气体密度的传质变化率满足：

$$\frac{d\rho}{dt} = -\frac{\alpha\rho_1}{1 - \alpha c_1}\frac{dc_1}{dt} \tag{3-48}$$

根据式（3-1），x 的变化率为：

$$\frac{dx}{dt} = \frac{c_{pl}}{h_{gl}}\frac{dT}{dt} \tag{3-49}$$

根据附录 C 中的推导，液相中重气组分的质量分数变化率具有以下形式：

$$\frac{dc_1}{dt} = \frac{1 - \alpha c_1}{1 - \alpha c_1 + x}\left[\varepsilon^{2/3}K_{gl}(K_H c^{\gamma_H} - c_1) - c_1\frac{dx}{dt}\right] \tag{3-50}$$

液滴总体相对体积的变化率为：

$$\frac{d\varepsilon}{dt} = \varepsilon\left[1 + \left(\frac{\rho_1}{\rho} - 1\right)\varepsilon\right]\left(\frac{1 - \alpha x}{1 - \alpha c_1}\frac{dc_1}{dt} - \frac{dx}{dt}\right) \tag{3-51}$$

至此，式（3-48）、式（3-49）、式（3-50）和式（3-51）共同组成重气液滴传质模型，其从整体上相对完整地刻画了含有重气液滴的重气体系的气液传质动态过程。

以上重气液滴传质模型能够与传输模型耦合，而形成有重气液滴云团的重气扩散完整模型。对于含有重气液滴的重气体系，三维 CFD 模型通过以下一些物理量及其相互关系完成对重气扩散动态过程的量化描述：混合气体密度 ρ、气体重气组分摩尔分数 c、总液滴相对体积 ε、液态液滴中平均溶解的重气组分质量分数 c_1、体系温度 T 和流场速度向量。对于二维浅层模型，其省略了气体重气组分摩尔分数 c，同时增加了浅层高度变量 h。

以上重气液滴模型已经给出了液滴相的特征量 ε 和 c_1 之间关系和其对气相重气的影响。传输、携带作用对液滴云团也有作用，体现在液滴相的相对体积在空间上的分布因流场的作用而改变，而对液滴内部重气的组成不产生直接的影响。因此对于 ε 应进一步建立传输方程与式（3-51）结合形成完整的传输-传质方程，而对于 c_1，方程（3-50）直接适用于两相重气体系的扩散模型。

3.3.2.1　二维浅层模型与重气液滴模型的耦合

两相重气体系的二维浅层模型中，相对液态体积总量满足方程（推导过程

参见附录 B）:

$$\frac{\partial \bar{\varepsilon}}{\partial t} + \bar{u}_i \frac{\partial \bar{\varepsilon}}{\partial x_i} = r_{\varepsilon} - \bar{\varepsilon} \frac{w_{\mathrm{ent}}}{h} \qquad (3-52)$$

对于浅层模型因泄漏源的喷射而导致的局部体系体积变化率为 $r_{\mathrm{sou}} = w_{\mathrm{sou}}/h$。当中 r_{ε} 即式（3-51）所定义的重气液滴传质体积改变率:

$$r_{\varepsilon} = \frac{\mathrm{d}\bar{\varepsilon}}{\mathrm{d}t} \qquad (3-53)$$

以上浅层内平均速度表示的是包含重气液滴云团的两相流整体平均速度，所以存在液滴相的重气速度方程满足体系整体密度的动量传输方程，形式上等同于使用混合压力和以高度 h 内的平均气、液混合密度 $\bar{\rho}_{\mathrm{mix}} = (1-\varepsilon)\bar{\rho} + \varepsilon\bar{\rho}_1$ 代替气体密度 $\bar{\rho}$ 的方程（3-21）。中尺度近似条件下混合压力为:

$$p_{\mathrm{mix}} = \frac{1}{2}\bar{\rho}_{\mathrm{mix}}g(h+e) \qquad (3-54)$$

另一方面，体系温度因受液态重气液滴的影响将有所降低，对于重气液滴模型适用的二维浅层模型温度方程形式上等同于以平均气、液混合密度代替原气体密度的温度方程（3-22）。

方程（3-52）和所有其他浅层模型守恒律方程，包括浅层高度方程（3-20）、气体密度方程（3-21）、改动的体系速度方程（3-24）和温度方程（3-25）共同组成含有重气液滴相的气、液两相重气扩散模型。而气体密度方程（3-21）中的 r_{ρ} 如式（3-48）所定义。

3.3.2.2 三维 CFD 模型的重气液滴模型与重气模型的耦合

两相重气体系的三维 CFD 模型中，液相的相对平均体积满足以下空间内的守恒关系:

$$\frac{\partial \varepsilon}{\partial t} + \nabla \cdot \varepsilon v = r_{\varepsilon} + \varepsilon r_{\mathrm{sou}} \qquad (3-55)$$

三维 CFD 模型中因泄漏源的喷射而导致的局部体系体积变化率由泄漏源速度散度给出:

$$r_{\mathrm{sou}} = \nabla \cdot u_{\mathrm{sou}} \qquad (3-56)$$

式（3-55）中的流场速度表示的是包含重气液滴云团的两相流整体的速度，所以速度方程满足体系整体密度的动量传输方程，形式上等同于使用混合压力和以 $\rho_{\mathrm{mix}} = (1-\varepsilon)\rho + \varepsilon\rho_1$ 代替气体密度 ρ 的方程（3-35）。三维 CFD 模型混合压力为:

$$p_{\mathrm{mix}} = (1-\varepsilon)\frac{RT(\rho-\rho_{\mathrm{a}})}{\overline{M}} + \varepsilon\rho_1 gz \qquad (3-57)$$

另一方面，体系温度因受液态重气液滴的影响将有所降低，重气液滴模型所适用的三维 CFD 模型温度方程形式上等同于以气、液混合密度代替原气体密度的温度方程（3 - 41）。

　　方程（3 - 55）和所有其他三维 CFD 模型守恒律方程，包括气体密度方程（3 - 35）、重气摩尔浓度方程（3 - 38）改动的体系速度方程（3 - 39）和温度方程（3 - 41）共同组成含有重气液滴相的气、液两相重气扩散模型。而气体密度方程（3 - 35）中的 r_ρ 如式（3 - 57）定义。

3.4　本章小结

　　本章在大量物理分析的基础上首先给出了重气传输、扩散的二维浅层模型和三维流体动力学（CFD）模型。建模过程以质量、动量和能量的守恒为原理，重建了浅层模型并在已有的 CFD 模型基础上进行了修正和改良。本章浅层模型着眼于大气和重气两个体系，在浅层高度范围、气体可压性、气体密度有界性和气体密度的垂直分布律等诸多方面完善了浅层模型。对 CFD 模型的改动主要表现在泄漏源对各变量变化律的贡献上。其次，本章还分别叙述了对喷射源模型和重气液滴云团传质模型的建立。以中间压力接口上流速向量分布函数的方式整合喷射源模型与传输、扩散模型。并给出了气态重气的动态喷射源模型。重气液滴模型强调重气液滴云团的与气态重气间的整体作用，以液态相对体积和液滴中重气质量分数为主要参数描述重气液滴与气态重气的相互关系，并分别给出了重气液滴模型与二维和三维传输模型的耦合方案。对于湍流现象我们直接使用 Smagorinsky - Lilly 大涡模式。本章相对完整地完成了对重气扩散现象的模型设计。

4　数　值　算　法

4.1　传统有限差分算法中的问题

我们的偏微分方程模型的求解计算完全通过自主编程实现。我们使用有限差分离散，并对传统有限差分方法进行了诸多改进。改进体现在：

（1）偏微分方程的离散格式设计。

（2）高效的时间积分方案设计。

（3）能够综合体现边界层大气不可压近似条件和局部气体绝对可压性的压力修正方案的设计。改进的目的在于提高对含有 N－S 方程的流体动力学偏微分方程模型的算法效率，节省计算时间和存储空间，为模型在风险评估和辅助决策等方面的高效应用创造基础条件。传统算法存在诸多改进和优化余地。

首先，关于速度方程的离散格式，一般有限差分方法难以或只能近似处理非线性 Burgers 方程的速度传输项，从而导致在迭代计算中需要不断修正时间步长，而变步长的迭代方式的稳定性对局部速度敏感。具体地，现以一维无黏的 Burgers 方程为例，说明传统方法的有限体积离散方式对时间步长的要求苛刻。

4.1.1　线性化 Burgers 项差分方法

一维无黏的 Burgers 方程：

$$\frac{\partial u}{\partial t} + u\,\frac{\partial u}{\partial x} = \frac{\partial u}{\partial t} + \frac{1}{2}\,\frac{\partial u^2}{\partial x} = 0 \tag{4-1}$$

式中，u 表示未知函数。普通的有限差分格式[78]以如下方式处理在时间层中点 t 处的 u^2 平方项的近似，以构造离散的线性方程组：

$$u\,(j\Delta x,\ t)^2 \approx 2u_j^n u_j^{n+1} - (u_j^n)^2 \tag{4-2}$$

式中，t 处于第 n 时间步与第 $n+1$ 时间步之间：$t \in (n\Delta t,\ (n+1)\Delta t)$。从而其离散格式成为可解的代数线性方程组：在每个时间步上，以当前第 n 时间步的所有 u 值为已知量，求解关于下一个 $n+1$ 时间步各位置处 u 值为未知量的线性方程组。即：

$$-\frac{\theta\Delta t}{2\Delta x}u_{j-1}^n u_{j+1}^{n+1} + u_j^{n+1} + \frac{\theta\Delta t}{2\Delta x}u_{j+1}^n u_{j+1}^{n+1} = \frac{(1-2\theta)\Delta t}{4\Delta x}(u_{j-1}^n)^2 + u_j^n - \frac{(1-2\theta)\Delta t}{4\Delta x}(u_{j+1}^n)^2$$

$$\tag{4-3}$$

$(j=1,\ \cdots,\ j-1)$

式中，θ 为显示格式权重，通常取值 $1/2$。

对于 $j=0$ 或 j 处的边界上的方程由边界条件给出。明显地，对于此线性方程组，其可解的充分条件是方程组系数矩阵为主对角阵，即要求保证对所有 n 和 j：

$$\frac{\Delta t}{2\Delta x}u_j^n < 1 \tag{4-4}$$

此条件对时间步长 Δt 要求苛刻。

4.1.2　迎风格式

迎风格式的基本内容是利用传输方程的特征线近似求解单步传输解，具体是通过已知的 u^n 的值决定处于同一条特征在线下一时间层位置处的 u^{n+1} 的离散解[72, 79, 94]。因为所需要的值 u^n 并不一定恰在网格点上，迎风格式使用 u^n 的一阶线性插值计算 u^{n+1}。因此为保证迎风格式的稳定，时间步长与空间步长必须满足 CFL 条件[94]所规定的关系。尤其是对于速度随时改变的情况，空间网格划分的分辨率对迎风格式的精度影响敏感。详细讨论可参考文献 [94]。

两种格式对含 Burgers 方程传输项的处理方式对时间步长取值的要求比较严格。特别是当速度较大时，时间步长就必须非常小。在没有压力耦合的相对简单情况下整个迭代过程受局部速度变化影响明显。我们对差分离散格式有所改进。除此之外，以下两方面也体现了传统算法的不足。

其二，对于传统的时间积分方案，如综述中所总结的，包括 SIMPLER 算法和其所派生的诸多一般分离式算法，虽然在时间步的单步迭代中对标量和向量进行了反复修正，达到协调和耦合标量与向量的目的。然而这种在同一时间步上的修正耦合方法，并未完全区分速度向量对标量的携带以及标量形成的流体状态压力对向量的加速，这两层实际上是相互交替的关系，所以也难以做到精确的整合。但算法的优化应该继承传统算法使用空间的交错网格方法，这体现出了在空间上压力标量和速度向量之间的势函数与流函数的相互关系。而对于时间迭代方式应有所改进。

其三，对于可压流体问题，由于难以直接得到精确的状态方程所决定的压力，包括 SIMPLER 算法和其不同派生算法的传统的压力修正手段，为追求迭代的稳定性强调瞬间气体流体的不可压性条件，忽视了气体可压的实际。对于不可压气体流体问题，比如 Chorin 方法设置人工可压性条件，以可压流体的方式求解不可压问题。另一方面，压力修正往往需要在单步时间迭代中额外求解 Possion 方程，这增加了计算的难度。比如可压流的 SIMPLER 算法和不可压流的投影法[79]。实际上，算法应该体现在不同条件下流体所表现出的不同可压状态，反映大气流场中流体不可压近似和气体可压的实际。

4.2 半离散格式

我们通过建立半离散格式的方式改进上述传统有限差分格式在处理 Burgers 方程项时对时间步长要求过于苛刻的不足。其思想是，在每个时间步长内视部分变量为常量，利用存在解析解的偏微分方程形式，以其解析解构造差分格式，以达到更高的单步收敛性或相容性。半离散格式的具体构造过程如下。

由于含初值条件的偏微分方程形式：

$$\begin{cases} \dfrac{\partial u}{\partial t} + u \dfrac{\partial u}{\partial x} = au + b \\ u(x,\, t = 0) = u_0(x) \end{cases} \tag{4-5}$$

的解析解是：

$$u(x,\, t) = \begin{cases} u_0(x - ut)\exp(at) + \dfrac{b}{a}\big[\exp(at) - 1\big] & a \neq 0 \\ u_0(x - ut) + bt & a = 0 \end{cases} \tag{4-6}$$

依此构造的关于形式（4-5）的显式半离散格式为：

$$u_j^{n+1} = \begin{cases} u^n(j\Delta x - u_j^n\Delta t)\exp(a\Delta t) + \dfrac{b}{a}\big[\exp(a\Delta t) - 1\big] & a \neq 0 \\ u^n(j\Delta x - u_j^n\Delta t) + b\Delta t & a = 0 \end{cases} \tag{4-7}$$

式中，初始迭代函数

$$u^0(x) = u_0(x) \tag{4-8}$$

容易证明这种格式满足相容性条件。此处不详述方程（4-5）的求解过程，参见文献［37］给出的解析一阶拟线性方程的一般方法。

通过直接分析可以看出此种格式的优势。为求解 $n+1$ 时间层上各个网格结点处 u^{n+1} 的值，此格式依赖对每个时间层 u^n 的插值。因为格式（4-7）使用 u^n 的插值函数，总能够保证格式能够捕捉到每个空间网格点 j 上的未知量 u^{n+1} 的特征线，因而格式总能够满足 CFL 条件［94］。明显地，使用线性分段插值的这种半离散格式与迎风格式有相同收敛阶和稳定性。而且由线性分段插值的去插值点中间值的性质可知，使用线性分段插值的格式（4-7）满足总变差不增 TVD 条件［94］，这表明格式（4-7）具有迎风格式的所有优点，而此半离散格式更具强壮性，稳定迭代过程受局部速度的影响较小，半离散格式对 $a \neq 0$ 的偏微分方程（4-5）具有更高精度。更何况，如果对上一时间层迭代解 u^n 使用高阶 Hermite 插值［80, 81］，离散格式（4-7）将更加精确。

具体地，我们比较了半离散格式与上述两种常用的差分格式在求解相同初值条件的无黏 Burgers 方程时的稳定迭代步长和迭代误差。所使用的初值条件为 $u_0(x) = \exp\big[-10(4x - 1)^2\big]$。迎风格式的稳定迭代步长要求时间步长 $\Delta t < \Delta x$。

取显式权重 $\theta = 1/2$ 的线性化 Burgers 项差分方法进行比较。此为最为精确的线性化 Burgers 项差分方法，其要求 $\Delta t < 4\Delta x$。而对于半离散格式当 $\Delta t = 10\Delta x$ 时仍然能够稳定迭代。这表明半离散格式在处理 Burgers 项时，在稳定性方面优于以上两种方法。另一方面，图 4－1 给出了三种格式的数值解关于此初值问题解析解的积分误差与网格尺度比值关于迭代步数的关系。从图的比较可以明显看出，半离散格式的误差与线性化 Burgers 项差分方法的误差比较接近，都远小于迎风格式的误差，而且当迭代步数接近 1000 步时半离散格式表现得更加精确。以上数值实验表现出半离散格式的明显优势。

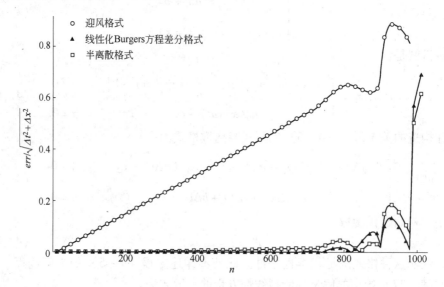

图 4－1　半离散格式和两种常用差分格式关于求解无黏 Burgers 方程的误差比较

据此构造高维半离散差分格式。比如以下形式的三维问题：

$$\begin{cases} \dfrac{\partial c}{\partial t} + u\,\dfrac{\partial c}{\partial x} + v\,\dfrac{\partial c}{\partial x} + w\,\dfrac{\partial c}{\partial x} = ac + b \\ c(x,\,y,\,z,\,t=0) = c_0(x,\,y,\,z) \end{cases} \tag{4－9}$$

当 $a \neq 0$ 时，有半离散格式：

$$c_{i,j,k}^{n+1} = c^n(i\Delta x - u_{i,j,k}^n \Delta t, j\Delta y - v_{i,j,k}^{n+1}\Delta t, k\Delta z - w_{i,j,k}^{n+1}\Delta t)\exp(a\Delta t) + \frac{b}{a}\big[\exp(a\Delta t) - 1\big] \tag{4－10}$$

当 $a = 0$ 时，有半离散格式：

$$c_{i,j,k}^{n+1} = c^n(i\Delta x - u_{i,j,k}^n \Delta t,\ j\Delta y - v_{i,j,k}^{n+1}\Delta t,\ k\Delta z - w_{i,j,k}^{n+1}\Delta t) + b\Delta t \tag{4－11}$$

及

$$c^0(x,\,y,\,z) = c_0(x,\,y,\,z) \tag{4－12}$$

以上格式中变量 c 代表任何具体物理变量，包括任意方向的传输速度。格式一般形式要求 a 和 b 为相对固定量，即在每个时间步上 a 和 b 为常数。对于具体的问题，根据所求解的偏微分动力学方程的具体形式，a 和 b 是不同形式的 n 时间层上的各变量或者包含各变量差分导数的不同表达式。以这种方式组成离散格式，迭代求解。比如对于密度连续方程，a 表示速度的负散度的差分形式，b 为喷射源项。

明显可以看出，由于格式（4-7）和式（4-10）来自于解析解，格式满足相容性。而且对于利用线性分段插值给出的格式（4-7）和式（4-10），当 a <0 且 b <0 时格式是无条件稳定的，因为满足此两个条件时，格式的离散解在时间迭代上保持不增。若 a 不小于 0 或者 b 不小于 0 时，格式的稳定性取决于时间步长的大小，但是 Burgers 方程的传输过程已不再影响格式的稳定性。

4.3 算法的时间积分方案和优化

4.3.1 交错时间步的时间积分方案

针对前文提及的半离散化格式，我们将重新安排计算方法，简化计算步骤，达到在每个时间步内不发生多次迭代，一次性得到下一个时间步的所有变量结果以达到算法优化目的。

为解决分别计算标量与向量而产生的压力场与向量不相协调的矛盾，我们提出的方法是使用时间的交错网格。具体地讲，就是令标量与向量的时间层相差半个时间步长。将第 n 时间层计算的向量作为标量计算的条件计算第 $n+1/2$ 时间层的标量值（此值相对于 $n-1/2$ 时间层的标量为单步迭代的结果），其结果给出第 $n+1/2$ 时间层的压力场，进一步成为 $n+1$ 时间层上所有速度向量加速的条件，完成单步向量的迭代。依此类推迭代完成整个计算步骤。而标量和向量的迭代初值同样需要错开半个时间步长。也就是在初值的设定上，时间 0 点的向量值设定为向量的初值，标量的初值取在时刻 $t = \Delta t/2$。从算法上，对于每个时间层内速度的加速，受决定于其时间层中点的压力，此不同于使用时间层起点的压力来加速速度的 Euler 算法[80]。因为 Euler 算法比较差的稳定性（比如使用 Euler 迭代方式的 SIMPLE 算法）需要在每一个时间步内反复迭代不断调整速度向量的值，达到标量与向量的耦合。同样的，对于标量而言，时间层 $n-1/2$ 层到 $n+1/2$ 层的标量传输取决于当前时间层中点 n 层的向量场，每个时间步内标量和向量各自以梯形方法[80]方式迭代。标量和向量时间步相交错的时间积分方案直接体现了标量对向量的驱动和速度向量对标量的携带之间的相互关系。而且对于半离散格式（4-10）和式（4-11）而言，由于密度连续方程的半离散化格式所使用的传输速度直接为两个时间步中点的速度，速度场为相对的固定条件，连续方程总能够得到满足。明显地，利用归纳法原理，整个迭代过程可保证精度。

　　直观地，这种算法对时间步长的取法取决于压力梯度加速度的大小，即压力场的变化剧烈程度。换句话说算法必须保证压力场和速度场变化的相对连续性。在离散网格上，如果将原偏微分方程问题视为每个空间网格点上各个以差分方式相互联系的变量的常微分方程组问题，这一系列常微分方程的算法的收敛性将取决于每个常微分加速函数的 Lipschitz 连续性和其 Lipschitz 常数[80]，这与算法的收敛性取决于不同位置上最大的压力梯度加速度与速度的连续性关系相一致。从应用角度上讲，如果采用变时间步长方法迭代含压力耦合动力学问题，可以预先估计压力梯度加速度的上界和规定单步加速的速度上界，并依据此得到单步迭代时间步长的大小，即：

$$\Delta t^n = \Delta V_{\max} \min \left\{ \frac{1}{a_{\max}}, \frac{1}{a^n} \right\} = \min \left\{ \Delta t_{\text{init}}, \frac{\Delta V_{\max}}{a^n} \right\} \qquad (4-13)$$

式中，$\Delta V_{\max}$ 为单步加速上界；$a_{\max}$ 为压力梯度加速度上界；$\Delta t_{\text{init}} = \Delta V_{\max} / a_{\max}$ 为初始设定的时间步长；a^n 为当前时间步所有空间网格点上压力梯度加速度的最大值。

4.3.2　算法叠加原理

　　关于速度方程的科里奥利力项，虽然可以直接利用式（4-10）和式（4-11）半离散格式计算，考虑到完整的科里奥利力项当中各方向速度之间的相互联系，应使用方程组的算法处理，以获得更高的精度；另一方面，模块组合的方式利于优化时间积分方案的程序设计。而以上两点必须有所依据。微分方程的叠加原理是算法模块组合的理论基础。

　　因为使用差分代替微分求导的离散方法建立起了各个空间网格节点上变量之间的联系，在对偏微分方程的算法设计中，往往将离散化后的偏微分方程视为关于各个网格节点上的相互联系的变量随时间而改变的常微分方程组问题。这表明，在时间积分的设计上，可以利用常微分方程的叠加原理。在算法设计上，所应用到的叠加原理与微分方程的叠加原理在形式上不完全一致。更加具体地，针对算法的应用下面证明常微分方程算法叠加原理。

　　定理 4.1　若常微分方程初值问题：

$$\begin{cases} \dfrac{\mathrm{d}u}{\mathrm{d}t} = f \\ u(0) = u_0 \end{cases} \qquad (4-14)$$

在时刻 $t > 0$ 的解为 $u(t)$，若 f 可以分解为两个函数之和：$f = f_1 + f_2$，则方程可被分解为两个相继问题：

$$\begin{cases} \dfrac{\mathrm{d}u_1}{\mathrm{d}t} = f_1 \\ u_1(0) = u_0 \end{cases} \tag{4-15}$$

和

$$\begin{cases} \dfrac{\mathrm{d}u_2}{\mathrm{d}\tau} = f_2 \\ u_2(0) = u_1(t) \end{cases} \tag{4-16}$$

那么原方程的解为

$$u(t) = u_2(\tau)\big|_{\tau=t} \tag{4-17}$$

证明：对函数 u_2 泰勒展开并求 1 阶导数：因为

$$\frac{\mathrm{d}u_2}{\mathrm{d}t} = \sum_{i=0}^{\infty} \frac{t^i}{i!} u_2^{(i+1)}(0) = f_2 \tag{4-18}$$

而

$$\begin{aligned} \left[u_2(\tau) \right]_{\tau=t} &= \left[\sum_{i=0}^{\infty} \frac{\tau^i}{i!} u_2^{(i)}(0) \right]_{\tau=t} = u_2(0) + \left[\sum_{i=0}^{\infty} \frac{\tau^{i+1}}{(i+1)!} u_2^{(i+1)}(0) \right]_{\tau=t} \\ &= u_1(t) + \sum_{i=0}^{\infty} \frac{t^{i+1}}{(i+1)!} u_2^{(i+1)}(0) \end{aligned} \tag{4-19}$$

所以

$$\frac{\mathrm{d}}{\mathrm{d}t} \left[u_2(\tau) \right]_{\tau=t} = f_1 + \sum_{i=0}^{\infty} \frac{t^i}{i!} u_2^{(i+1)}(0) = f_1 + f_2 \tag{4-20}$$

可见 $u_2(\tau)\big|_{\tau=t}$ 为原方程在时刻 $t>0$ 的解。证毕。

关于此数学命题可以有直观的物理解释。f_1 和 f_2 表示引起物理量 u 发生变化的变化率。对于浓度而言不妨以传输和扩散两个过程来解释。在一段时间内因为传输和扩散共同和同时作用而使得浓度在时间上发生的改变的过程，可以被机械地看做是两个步骤分别使浓度发生改变：浓度先经过传输，在此基础上发生扩散。这意味着在每个时间步上可以使用模块方式分别计算传输、扩散对变量的改变。

在应用上叠加原理体现在，其一，处理标量的计算中的重气液滴模块的耦合；其二，处理向量计算中的科里奥利力加速。在重气液滴模型中，气液传质部分被单独分开计算。由于气液传质部分对密度等标量的改变率形式复杂，算法中使用隐式 Runge – Kutta 方法处理，并将此结果叠加到已经完成单步传输和扩散的标量当中。在三维 CFD 重气扩散模型中，科里奥利力的叠加按照以下半离散方式进行。

4.3.3 速度方程组的耦合

针对存在科氏力对三维动量方程中速度的加速算法，继承使用半离散的思想，构造科氏力解析格式单独分开计算科氏力加速，再根据叠加原理整合到整个动量方程的单步迭代中。当仅存在科里奥利力，速度向量加速的方程可以写为矩阵形式：

$$\frac{d}{\mathrm{d}t}\begin{pmatrix} u \\ v \\ w \end{pmatrix} = \begin{pmatrix} 0 & 2\Omega\sin\varphi & -2\Omega\cos\varphi \\ -2\Omega\sin\varphi & 0 & 0 \\ 2\Omega\cos\varphi & 0 & 0 \end{pmatrix}\begin{pmatrix} u \\ v \\ w \end{pmatrix} \qquad (4-21)$$

式中，Ω 为地球自转角速度；φ 为地区所处纬度。或将此简记为向量和矩阵的形式：

$$\frac{\mathrm{d}\boldsymbol{V}}{\mathrm{d}t} = A_{\mathrm{Cor}}\boldsymbol{V} \qquad (4-22)$$

而此方程在时刻 t 有解析解：

$$\boldsymbol{V} = e^{tA_{\mathrm{Cor}}}\boldsymbol{V}_0 \qquad (4-23)$$

由此构造科里奥利力速度方程组的半离散格式如下：

$$\boldsymbol{V}^{n+1} = e^{\Delta tA_{\mathrm{Cor}}}\boldsymbol{V}^n \qquad (4-24)$$

式中指数矩阵

$$e^{\Delta tA_{\mathrm{Cor}}} = \begin{pmatrix} \cos2\Delta t\Omega & \sin\varphi\sin2\Delta t\Omega & -\cos\varphi\sin2\Delta t\Omega \\ -\sin\varphi\sin2\Delta t\Omega & \cos^2\varphi + \cos2\Delta t\Omega\,\sin^2\varphi & \sin2\varphi\,\sin^2\Delta t\Omega \\ \cos\varphi\sin2\Delta t\Omega & \sin2\varphi\,\sin^2\Delta t\Omega & \cos^2\varphi\cos2\Delta t\Omega + \sin^2\varphi \end{pmatrix}$$

$$(4-25)$$

结合算法叠加原理，对于速度方程的算法设计，在每个时间步内可首先利用半离散格式（4-10）或式（4-11）同时计算速度的因传输、黏度阻力和 LES 应力阻力对速度的改变，再以此结果为当前时间步内科里奥利力加速的初值条件计算速度受科氏力的偏转，第三步则进行压力加速完成单步时间步的速度迭代。

4.4　压力修正的最优化方法

4.4.1　最优化压力修正方法的提出

对于环境大气介质的传输问题，中尺度及以上尺度模型往往把大气流体视为近似的不可压流体，而在任何时刻处处满足速度向量的 0 散度条件。这是对气流宏观传输的近似假设，用于刻画大气密度近似为固定常数时大气流场的整体传输。然而，对于重气组分参与的传输扩散问题，因密度的分布不均将明显导致局部速度流场包括压力场分布的剧烈演变，而此正是污染扩散模型所应刻画的和捕捉流体的运动特征，所以不可压假设已不再适用。然而，模型中以理想气体状态方程给出压力，若直接以状态方程计算压力和速度加速则对标量的时间连续性过于敏感。为保证算法的稳定，迭代过程中时间步长的取值就必须很小，这对算法的时间分辨率要求较高，且耗费计算机时。综述中的压力修正方式虽然针对不可压流体而设计，但由于其各自反映了流体的相对可压与绝对不可压性质，在算法设计方面能够为大气流场中的污染气体扩散问题提供借鉴。考虑到中尺度环境中大气可以被近似地认为是不可压流体，而同时，必须动态刻画局部密度分布以及因其分布不均所导致的流场剧烈变化的客观性，因此为适度改善过高时间分辨率而提高计算效率的目的，综合此两方面，我们利用最优化思想提出以下可压气体流体的压力修正方式。

每一个时间步上压力的修正结果应满足两个条件：其一，修正压力能够反映气体状态方程；其二，修正压力在一定程度上能够令速度满足速度的0散度条件或者不可压条件。因此，以最优化方式叙述该压力修正问题为：求能够令所修正的压力与理想气体状态方程所规定的压力的差距以及预报速度的散度双目标最小化的压力为修正压力。因为使用交错网格，为不至于混淆应区分标量网格的标号与矢量网格的标号。在 x、y 和铅直方向三个方向的标量网格序号分别为 i_s，j_s 和 k_s；在 x、y 和铅直方向三个方向的矢量网格序号分别为 i_v，j_v 和 k_v。为叙述方便定义计算区域内点集为 $D_{in} = \{(i_s, j_s, k_s) | 1 \leq i_s \leq I, 1 \leq j_s \leq J, 1 \leq k_s \leq K\}$。

以三维问题为例，在每个时间层 n 上，按照以下形式归纳压力修正问题：首先，强不可压优化：

$$\min J^n = \sum_{(i_s, j_s, k_s) \in D_{in}} (\hat{P}_{i_s, j_s, k_s} - P^{n+1/2}_{i_s, j_s, k_s})^2 + R_s \sum_{(i_s, j_s, k_s) \in D_{in}} (\nabla \cdot V)^{n+1}_{j_s, j_s, k_s}{}^2$$

$$(4-26)$$

再有，弱不可压优化：

$$\min J^n = \sum_{(i_s, j_s, k_s) \in D_{in}} (\hat{P}_{i_s, j_s, k_s} - P^{n+1/2}_{i_s, j_s, k_s})^2 + R_s \sum_{(i_s, j_s, k_s) \in D_{in}} \{[\nabla \cdot (\rho^{n+1/2} V^{n+1})]_{i_s, j_s, k_s}\}^2$$

$$(4-27)$$

式（4-27）中第一项表示时间层 $n+1/2$ 上所有空间网格各节点 (i, j, k) 处的修正压力 $\hat{P}_{i,j,k}$ 与理想气体状态方程所定义的压力之距离总和，后一项表示所有在标量的空间网格位置处 $n+1$ 时间层上的预报速度的散度总和。R_s 为散度和相对于压力总差的权重或称相对散度权重。

最优化的目标是寻找使得两个加权和最小化的修正压力。比较而言，强不可压优化更加强调中尺度大气的不可压性质，而弱不可压优化易于捕捉到气体运动的细节，更具客观性。式中出现的速度矢量皆是经过修整压力加速后的速度，所以将压力梯度加速经过差分表达之后，整个表达式（4-26）或式（4-27）都可以化成仅关于修正压力为未知变量的最优化问题。具体的算法分析的内容后面有明确介绍。

　　上述最优化问题可以转化为关于所有修正压力为未知量的线性方程组问题，为此，我们给出了一般此类最优化问题可以转化为线性方程组问题的严格的理论证明。

　　定理 4 - 2　m 为 $p \times q$ 阶矩阵，x 和 b 分别是 q 维向量和 p 维向量，则最小二乘问题：

$$x = \arg \min_{x} \| mx - b \|_2 \tag{4-28}$$

等价于解关于 x 的线性方程组：

$$m^T m x = m^T b \tag{4-29}$$

　　证明：标记各元素：

$$m = \begin{pmatrix} m_{11} & m_{12} & \cdots & m_{1q} \\ m_{21} & m_{22} & \cdots & m_{2q} \\ \vdots & \vdots & & \vdots \\ m_{p1} & m_{p2} & \cdots & m_{pq} \end{pmatrix}, \quad x = \begin{pmatrix} x_1 \\ x_2 \\ \vdots \\ x_q \end{pmatrix}, \quad b = \begin{pmatrix} b_1 \\ b_2 \\ \vdots \\ b_p \end{pmatrix} \tag{4-30}$$

则

$$J = \| mx - b \|_2 = \sum_{r=1}^{p} \left[\left(\sum_{l=1}^{q} m_{rl} x_l \right) - b_r \right]^2 \tag{4-31}$$

能够令 J 关于 x_s 偏导数为 0 的条件的任意元素 x_s，使 J 最小化。同时由于关于 x 的函数 J 是二次函数的形式。此条件即为 J 达到最小值的充分必要条件：

$$\frac{\partial J}{\partial x_s} = 2 \sum_{r=1}^{p} m_{rs} \left[\left(\sum_{l=1}^{q} m_{rl} x_l \right) - b_r \right] = 0 \quad (s = 1,2,\cdots,q) \tag{4-32}$$

$$\Leftrightarrow \sum_{r=1}^{p} m_{rs} \sum_{l=1}^{q} m_{rl} x_l = \sum_{r=1}^{p} m_{rs} b_r \quad (s = 1,2,\cdots,q) \tag{4-33}$$

即：

$$m^T m x = m^T b \tag{4-34}$$

证毕。

　　如展开压力最优化问题（4 - 26）和式（4 - 27），则明显可以看出上述压力修正问题（4 - 26）和式（4 - 27）实际上是某种形式的最小二乘问题。根据上述定理压力修正的最优化问题可转化为线性方程组问题求解。

　　带有压力修正的单步速度场的计算程序可以简述为：在第 n 层的速度计算开始时，首先利用半离散格式计算受传输、黏度、LES 应力以及泄漏源影响而加速后的中间速度，并以此速度中间量和半步时间步之前的标量为已知条件，求解此压力修正最优化问题。实际是求解一个修正压力的线性方程组得到第 $n + 1/2$ 时间层的修正压力场。并以此压力场计算速度所受的压力加速而得到当前时间步最终预报速度。

4.4.2 最优化压力修正的算法

以下讨论都以求解 $n + 1/2$ 时间层上的修正压力为目标。引用的加速速度散度为第 $n + 1$ 时间层的速度散度，并且局限于方形差分网格系统。对于矢量与标量的交错网格，规定矢量网格点的个数在三维各个方向上少于标量网格点个数，它们之间数量上相差一个，位置上相互交错。现在以强不可压修正为例，简要说明以差分处理导数时的压力修正最优化问题的算法。

4.4.2.1 强不可压修正问题转化成最小二乘问题

速度散度为标量，处于标量的网格上，在矢量和标量的交错网格体系中，速度散度与压强处于同一个标量网格体系上。式（4 – 27）中经压力加速后的速度的散度（后简称加速速度散度）也不例外。

因为使用交错网格，在每个 (i_s, j_s, k_s) 网格位置上的加速速度散度的网格点周围上方和下方 SW、SE、NW、NE 位置上有 8 个矢量网格点。而加速速度散度是由这 8 个矢量网格位置上的速度进行差得到的。进一步地，每个速度矢量又是经过其周围 8 个标量位置上的标量所形成的压力加速得到的。这表明，在 (i_s, j_s, k_s) 位置上的加速速度散度标量，可由其位置和其周围位置上共 27 个点上的压力的线性组合与未经过压力加速的速度散度之和所表达。这些位置具体地就是 $(i_s + i'_s, j_s + j'_s, k_s + k'_s)$。当中 i'_s、j'_s 和 k'_s 分别取值自 $\{-1, 0, 1\}$。而各个所要修正的压力的组合系数与密度变量有关。

依据定理 4 – 2，原强不可压修正最优化问题可以等价于如下分块矩阵形式的最小二乘问题：

$$\hat{P} = \arg \min_{\hat{P}} \left\| \begin{pmatrix} E \\ B \end{pmatrix} \hat{P} - \begin{pmatrix} P \\ b \end{pmatrix} \right\|_2 \tag{4 – 35}$$

式中，$\hat{P}$ 表示所有标量网格位置上的修正压力，经过某种排序方式组织而形成的矢量；P 为所有标量网格位置上未经修正的压力的矢量；E 是单位矩阵；B 即是此压力修正最小二乘问题（4 – 35）中加速散度部分各位置上修正压力的系数矩阵，其维度都是 P 长度的方阵；b 是主要由未经压力修正的速度散度所构成的矢量，长度与 P 相同。更加具体地，矢量 $B \hat{P}$ 所有元素当中位置 (i_s, j_s, k_s) 所对应的元素为：

$$e_{i_s, j_s, k_s} = \sum_{-1 \leq i'_s, j'_s, k'_s \leq 1} \lambda_{i_s, j_s, k_s}^{i'_s, j'_s, k'_s} \hat{P}_{i_s + i'_s, j_s + j'_s, k_s + k'_s} \tag{4 – 36}$$

式中，以 λ 为名称所标记的系数为表示修正压力的组合系数。另 b 矢量第 (i_s, j_s, k_s) 号所在列的元素为：

$$b_{i_s, j_s, k_s} = -\sqrt{R_s} (\nabla \cdot \hat{V})_{i_s, j_s, k_s}^n \tag{4 – 37}$$

式（4-37）中散度表示 n 时间层上的速度散度解经过传输、黏度、LES 应力以及泄漏源影响而改变的 n 和 $n+1$ 时间层之间的中间速度所形成的速度散度。根据定理 4-2 最小二乘问题（4-35）的解即是线性方程组：

$$\Gamma \hat{P} = \eta \qquad\qquad (4-38)$$

的解。其中 $\Gamma = E + BTB$；$\eta = P + BTb$。

4.4.2.2　系数矩阵 B 的分解

由于 B 中元素与变量密度有关，这将造成编程的复杂程度和每步迭代计算的复杂程度，所以有必要将 B 矩阵分解，构造成一个常数矩阵和一个变量矩阵的乘积形式，便于在迭代计算开始之前设置好常数矩阵，而在迭代过程中每步只需要计算形式较为简单的变量矩阵，以简化算法。分解之后的 B 阵形式为：

$$B = G \cdot A \qquad\qquad (4-39)$$

以下简明介绍一下 B 的分解。B 的分解的关键在于找到式（4-36）中修正压力系数的具体形式。如规定标量网格点 (i_s, j_s, k_s) 位置周围 8 个矢量网格点的序号分别为 $(i_v + i'_v, j_v + j'_v, k_v + k'_v)$，当中 i'_v、j'_v 和 k'_v 分别都取自 $\{-1, 0\}$，则式（4-36）中修正压力的系数可以写成如下形式：

$$\lambda^{i'_s, j'_s, k'_s}_{i_s, j_s, k_s} = \sum_{-1 \leq i'_v, j'_v, k'_v \leq 0} a^{i_s + i'_s, j_s + j'_s, k_s + k'_s}_{i_v + i'_v, j_v + j'_v, k_v + k'_v} r_{i_v + i'_v, j_v + j'_v, k_v + k'_v} \qquad (4-40)$$

密度变量以其平均值倒数的形式被单独整理出来，对于一般情况下处理速度的压力梯度加速度的处理方式，则定义符号：

$$r_{i_v, j_v, k_v} = \frac{8}{\sum\limits_{0 \leq i'_s, j'_s, k'_s \leq 0} \rho^{n+1/2}_{i_s + i'_s, j_s + j'_s, k_s + k'_s}} \qquad (4-41)$$

这表明（4-41）中量 r 是在矢量网格 (i_v, j_v, k_v) 周围 8 个标量网格点上密度的平均值倒数，所以规定量 r 是一个分布于矢量网格点上的量，并以矢量网格点的位置标记标记之。而（4-41）中各个 r 的系数 a 是仅仅与 $\sqrt{Rs}$ 和网格尺度 Δt、Δx 等以及其他常数量等相关的常数所组成的系数。因此可以以其为元素整理出一个常数矩阵 A。这样就可以将 B 分解为一个只包含 a 各量元素的常数矩阵 A 和只包含变量 r 各量的变量矩阵 G，从而达到简化编程和算法设计的目的。

以下各矩阵的元素的排序规则具体取决于程序设计。

首先 G 矩阵可以表达如表 4-1 所示。

A 矩阵形式更加复杂，按照分块矩阵的方式表示 A 矩阵如表 4-2 所示。当中以网格位置为指标区分各个分块矩阵。另表 4-2 当中按照如下方式记号常数矩阵：

$$A^{i_s, j_s, k_s}_{i_v, j_v, k_v} = \left(a^{i_s + i'_s, j_s + j'_s, k_s + k'_s}_{i_v + i'_v, j_v + j'_v, k_v + k'_v} \right)_{8 \times 27} \qquad (4-42)$$

同样的，i'_s、j'_s 和 k'_s 分别取值自 $\{-1, 0, 1\}$，i'_v、j'_v 和 k'_v 分别取自 $\{-1, 0\}$。式（4-42）所定义的分块子矩阵内仍有较多 0 元素。

表 4 – 1   矩阵 G

行 ＼ 列		对应 D_{in} 标量网格 (1,1,1) 周围 8 个矢量网格点	⋯	对应 D_{in} 标量网格 (i_s,j_s,k_s) 周围 8 个矢量网格点	⋯	对应 D_{in} 标量网格 $(I-1,J-1,K-1)$ 周围 8 个矢量网格点
		$1,\cdots$		⋯		$\cdots,8(I-1)(J-1)(K-1)$
所对应 D_{in} 内标量网格位置	$(1,1,1)$	$r_{000},r_{100},r_{010},\cdots,r_{111}$ 　0	0	0	0	0
	⋮	0		0	0	0
	(i_s,j_s,k_s)	0	0	$r_{iv-1,jv-1,kv-1},\cdots,r_{iv,jv,kv}$		0
	⋮	0	0	0		0
	$(I-1,J-1,K-1)$	0	0	0	0	$r_{I-2,J-2,K-2},\cdots,r_{I-1,J-1,K-1}$

表 4 – 2   矩阵 A

行 ＼ 列	列的位置的矩阵元素排列顺序取决于程序设计并且可以重叠		
	标量网格 $(1,1,1)$ 周围 27 个标量网格位置　⋯	标量网格 (i_s,j_s,k_s) 周围 27 个标量网格位置　⋯	标量网格 $(I-1,J-1,K-1)$ 周围 27 个标量网格位置
标量网格 $(1,1,1)$ 周围 8 个矢量网格位置	$A_{1,1,1}^{1,1,1}$ 　0　0	0　0	0
⋮	0　0	0　0	0
标量网格 (i_s,j_s,k_s) 周围 8 个矢量网格位置	0　0	$A_{iv,jv,kv}^{i_s,j_s,k_s}$ 　0	0
⋮	0　0	0　0	0
标量网格 $(I-1,J-1,K-1)$ 周围 8 个矢量网格位置	0　0	0　0	$A_{I-2,J-2,K-2}^{I-1,j-1,K-1}$

4.4.2.3　相对散度权重 R_s 的确定

为算法设计的完整性，有必要说明 R_s 的确定方法。实际上，R_s 的确定方法并不唯一，我们所使用的是将当前迭代步的所有压力与散度数组的统计特征量为主要参考指标而确定 R_s 的方法。

具体地，这里定义 R_s 如下：

$$R_s = \left(\frac{\sigma_P^{n+1/2}}{\sigma_{Div}^{n+1}} \right)^2 \tag{4-43}$$

式中，$\sigma_P^{n+1/2}$ 是 $n+1/2$ 时间层上所有标量空间网格点上压力 p 所组成数组的统计方差；σ_{Div}^{n+1} 是 $n+1$ 时间层上的所有标量网格点上速度散度所组成数组的统计方差。然而在修正压力时，时间层 $n+1/2$ 上的压力尚待确定，时间层 $n+1$ 上的散度还未确定，所以并不能直接通过式（4 – 43）确定 R_s。为此，在式（4 – 41）基础上我们根据如上结论之一——某点散度可以写成此点周围压力的线性组合及之前所计算的散度的加和形式，以及方差的运算性质得到如下关于 R_s 的形式的经验公式：

$$R_{\mathrm{s}} = \left[\left(\frac{\sigma_{\mathrm{P}}^{n-1/2}}{\hat{\sigma}_{\mathrm{Div}}} \right)^2 + \frac{\alpha}{\rho_{\max}^{n-1/2}} \right]^{-1} \tag{4-44}$$

式（4-44）当中 $\hat{\sigma}_{\mathrm{Div}}$ 为所有标量网格点上，n 时间层上的速度散度解经过传输、黏度、LES 应力以及泄漏源影响而改变的 n 和 $n+1$ 时间层之间的中间速度散度的统计方差。α 是常数。这里称其为最优化压力修正的松弛因子。α 较大则模拟气体可压性明显，α 较小时所模拟气体将表现出更高的不可压性质。

4.4.3　计算实例

表 4-3 列出了经过强不可压优化修正前后压力场上所有网格点上的相对压力数据的统计特征量，以及使用经过修正压力加速后速度散度和未经修正压力加速后速度散度的统计特征量。通过这些数值可以看出，压力修正未改变压力的平均值，但减少了压力数据的方差。使用修正压力加速的速度场相对于未经修正压力加速的速度场表现出更进一步体现出气体不可压性；其散度在修正之后更加集中地接近于 0。

表 4-3　压力修正前后压力场和速度场数据比较

数据统计特征 \ 项目	最小值	最大值	平均值	方　差
修正前相对压力	0	41.1704	18.3588	132.333
修正后相对压力	-1.90085	41.1469	18.3588	132.183
未修正压力加速的速度散度	-0.260068	0.273102	-0.000760074	0.00267065
修正压力加速的速度散度	-0.259197	0.272173	-0.000749232	0.0026649

图 4-2 给出了某时间步上一次压力修正后，经过强不可压优化修正和未经修正的压力场的等高线图和它们之间的比较。图 4-2b 为修正后的压力场，横纵坐标分别为横向和纵向的网格数目。

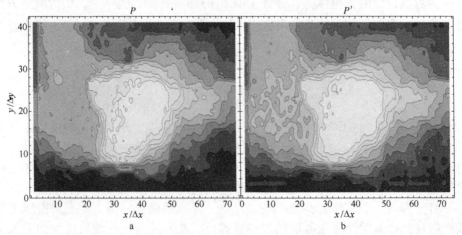

图 4-2　压力修正前后压力场的比较

图 4 - 3 是变时间步长数值算法的程序框图。

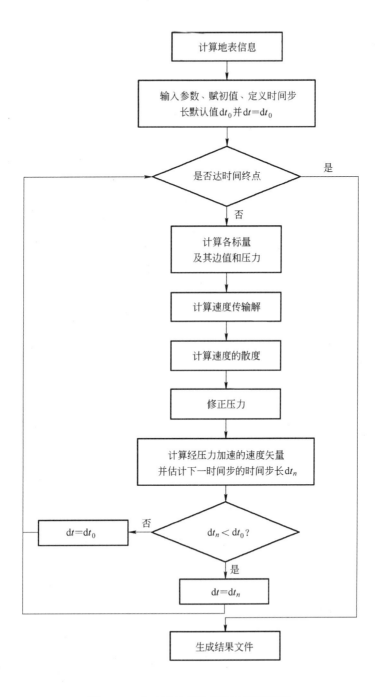

图 4 - 3 变时间步长数值算法程序框图

4.5 本章小结

　　本章以 N – S 方程的流体动力学模型的数值时间积分方案的构造为叙述线索，在数值分析和理论证明的基础上提出了一种关于 CFD 方程组的全新计算方法。理论基础是偏微分方程（组）的算法相容性和稳定性，常微分方程组的算法迭加原理以及离散迭代的归纳法原理。本章基于无黏 Burgers 方程解析解所构造半离散格式满足相容性。使用线性插值的半离散格式较迎风格式具有更高的稳定性。此格式可灵活应用于求解受传输、扩散或者含黏性阻力、湍流应力作用的 CFD 各变量的离散演变过程。其对流场局部流速依赖性不强，对较大时间步长迭代保持稳定，此格式对于高速传输问题优势明显。除此之外，时间积分方案当中利用迭加原理而设计的标量、向量时间交错网格方法简洁高效。所提出的最优化压力修正手段，兼顾了中尺度条件下流体的局部可压和宏观不可压表现两方面的特征，适应中尺度大气流场问题。以上三点创新，优化了 CFD 偏微分方程组的时间积分方案，比较于以往算法节省计算机机时，尤其是半离散格式和最优化压力修正方法在保证相对精度的条件下更大程度地增加了计算效率。此在程序设计和开发方面的基础工作，为迅速预报的工程需要奠定了算法基础，并具多方面 CFD 模型计算的推广意义。

5 数值模拟和模型检验

5.1 Thorney 测试 26 的二维浅层模型模拟与检验

5.1.1 数值模拟的设定

我们使用二维浅层模型对 Thorney 场地测试 26 进行了模拟和检验，采用小尺度二维浅层模型应用准则，使用等温条件的浅层高度方程（见附录 A），并从地表及障碍物以上起计浅层高度。对于 Thorney 测试 26 的静态源问题，卷流发生不明显，忽略卷流作用。边界层风场为中性 D 类稳定。

与文献［14，15］相同，使用幂律风廓线给出背景环境风速，并以此作为入口 x 方向速度的边界条件。y 方向速度入口边值条件为 0。在下风出口处，速度边值为开放边值条件。两侧的混合气体速度边值应与环境风场一致。所有标量使用开放边值条件。Thorney 测试 26 的初值条件规定，在源位置中心并半径 7m 范围内浅层密度初值设为 $2kg/m^3$ 其他地方为均匀 ρ_a。模拟使用的部分相关参数见表 5 – 1。

表 5 – 1   Thorney 测试 26 模型模拟参数

参　数	数　值
大气稳定度类别	D
幂律风廓线参考速度 $u_{a0}/m \cdot s^{-1}$	1.9
参考高度 z_0/m	10
风廓线幂指数 λ（－）	0.07
空气密度 $\rho_a/kg \cdot m^{-3}$	1.29
空气密度 $\rho_d/kg \cdot m^{-3}$	2
理想气体状态参数 $R/kJ \cdot kg^{-1} \cdot K^{-1}$	8.31451
环境温度 T_{env}/K	293
源温度 T_{sou}/K	293
常温下重气比热容 $c_{pd}/kJ \cdot K^{-1} \cdot kg^{-1}$	1.024
常温下空气比热容 $c_{pa}/kJ \cdot K^{-1} \cdot kg^{-1}$	1.4

不同于三维模型，二维模型难以直接表现障碍物和气流之间的相互作用，尤其是当存在垂直于地面的墙面或立体时。但基于浅层高度的概念，使用特殊的处理方式将测试 26 中的方形障碍物介入气体传输模型中。

　　视存在垂直墙面的障碍物为特殊边界，在障碍物区域范围内定义特殊的边界条件。对于最简单的情况，当所考察气体的高度范围（即浅层高度）小于障碍物的高度时，障碍物可完全被视为墙面。处理方式可以采用张宁、蒋维楣计算三维风场时处理垂直楼宇对风的阻碍的方式[52]，直接对处在建筑物内部以及其壁面网格上的气流速度变量设置为 0 值，所不同的是计算域为二维水平面。然而，由于障碍物高度相对较低，气流浅层高度范围处于动态变化中，这不能保证障碍物高度总大于浅层高度，应当考虑到存在于障碍物顶部以上的气流传输过程。在平面范围内障碍物内部区域，当浅层高度大于障碍物高度时，允许速度向量值取非 0 变值。具体地，由于障碍物阻碍了壁面上风区域的小于障碍物高度部分的气体体积传输，因此壁面网格点上，与壁面有向面积方向相反（指向障碍物内侧）的速度向量的各分量比原速度有折损，并按壁面高度占浅层高度的比例折损；在壁面处，保持与壁面有向面积指向相同的速度向量大小不变，同时与壁面相切的速度保持不变。对于平面上障碍物范围内部区域，按照速度守恒律方程求解速度。

　　对于更为普通的障碍物形状，障碍物范围边界为一般曲线时，障碍物壁面处速度的边值条件的具体形式如下：

$$\bar{v}\,|_{\text{ob}} = \eta(\bar{v}\,|_{\text{ob}} \cdot \boldsymbol{n}_{\perp})\boldsymbol{n}_{\perp} + (\bar{v}\,|_{\text{ob}} \cdot \boldsymbol{n}_{/\!/})\boldsymbol{n}_{/\!/} \qquad (5-1)$$

式中

$$\eta = \begin{cases} \min\,\{h_{\text{ob}}/h, \quad 1\} & (\bar{v}\,|_{\text{ob}} \cdot \boldsymbol{n}_{\perp}) < 0 \\ 1 & (\bar{v}\,|_{\text{ob}} \cdot \boldsymbol{n}_{\perp}) \geqslant 0 \end{cases} \qquad (5-2)$$

式中，下标"ob"指障碍物壁面位置。h_{ob} 指障碍物壁面高度。若以 $F(x, y)$ =0 表示障碍物边界曲线方程，则当中障碍物边界曲线的单位切向向量以及单位外法向向量的具体形式分别是：

$$\boldsymbol{n}_{/\!/} = (\pm F_y, \mp F_x)^T / \sqrt{F_x^2 + F_y^2} \qquad (5-3)$$

$$\boldsymbol{n}_{\perp} = (\pm F_x, \pm F_y)^T / \sqrt{F_x^2 + F_y^2} \qquad (5-4)$$

　　按照障碍物边界曲线切线正方向或外法向方向决定向量正负号的取法。如上速度表达式意义为在壁面边界曲线坐标下的速度经过壁面阻碍的折损，换算到直角坐标系。

5.1.2　模拟结果

　　图 5-1 记录了使用大涡湍流模型相对于未使用任何湍流模型的二维传输模型的结果比较，结果是式（3-26）所定义的重气平均体积浓度。总体上两者的差别不大，尤其是在采样点 2 位置处两者的预报结果更为接近。在采样点 1 处，无湍流模型所预报波峰略为提前，两者对体积浓度预报的数量大小几乎无异。这

体现了小风环境中湍流小涡阻力对气流动量传输的阻碍作用并不明显。在采样点 2 处，两者波峰出现的时间差异较采样点 1 处时更小，但表现为同样的特征，即大涡二维浅层模型预报的波峰出现的时间略有延迟。在数量上，采样点 2 处两者差异增加，大涡湍流二维模型的浓度预报结果略小于单纯的二维传输模型。在采样点 2 处在障碍物的背面，大涡模型更能体现障碍物的阻碍作用。

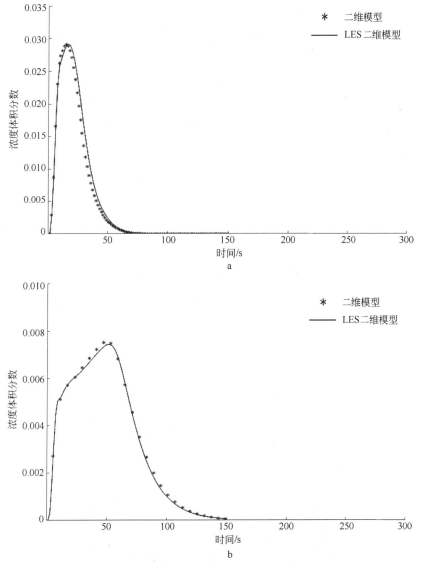

图 5-1　无湍流模型和含大涡湍流模型的二维浅层模型对重气平均体积浓度的仿真结果比较

　　　　a—采样点 1 处不使用湍流模型和使用大涡湍流模型的二维浅层模型计算结果

　　　　b—采样点 2 处不使用湍流模型和使用大涡湍流模型的二维浅层模型计算结果

图 5-2 和图 5-3 分别是二维模型关于速度向量和混合气体密度分别在时刻

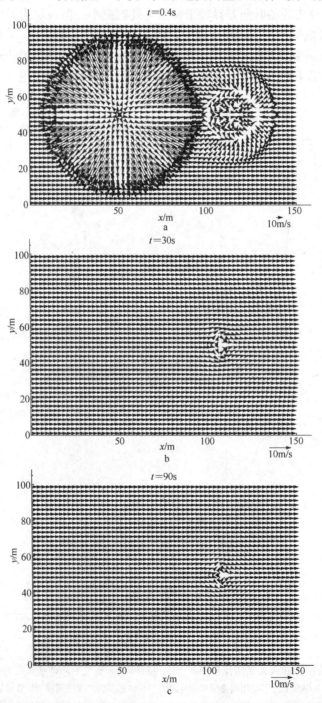

图 5-2　在时刻 $t=0.4s$、$t=30s$ 和 $t=90s$ 时平面上大涡二维模型速度向量图

0.4s、30s 和 90s 时的模拟结果。从速度向量的分布图和密度的等高线图在相同时刻的比较可以看出，障碍物附近的扰流现象明显，尤其是在传输的初始阶段0.4s 时，由于局部密度分布的不均压力梯度力作用明显，瞬时速度比较高，障碍物对动量传递的阻碍以及反弹作用表现显著，导致了速度主要沿障碍物周边传递的现象。而且在障碍物下风方向近壁面处有明显的速度回流现象。随着时间的推移，一方面密度趋于均匀，压力梯度变小，加速作用不明显。由 30s 和 90s 的速度向量图可见随着速度的减小障碍物对动量传输的反弹作用不再显著，扰流现象减弱。由于障碍物的阻碍，30s 时在出口处障碍物的下风位置上速度值相对其他位置出现局部低谷，从相应时刻的密度分布图 5 - 5 可以看出，这主要由明显

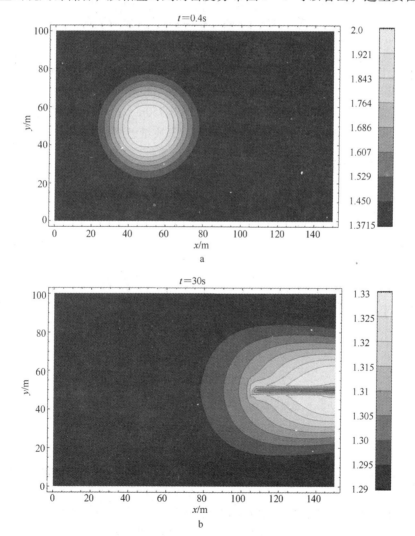

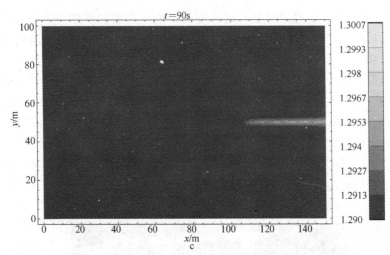

图 5-3 在时刻 $t=0.4s$、$t=30s$ 和 $t=90s$ 时平面上大涡二维模型密度

（单位：kg/m^3）分布等值线图

的密度扰流所影响。图 5-4 中，90s 时出口 $y=150m$ 同一位置处速度值却高于两旁，而出口处速度整体分布趋于一致，表明重气质量已经基本被携带出计算区域。

5.1.3 模拟与实验的比较

图 5-4 记录的是采样点 1 位置处，我们所改进并使用的二维模型所预报的

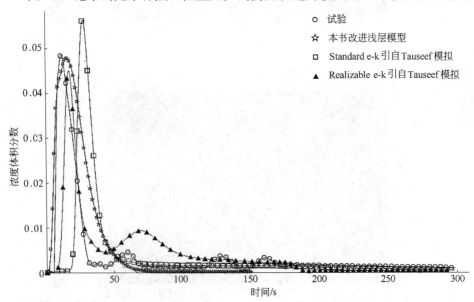

图 5-4 在采样点 1 重气体积浓度的实测值与大涡二维模型和文献［15］中

三维 CFD - RANS 模型预报结果比较

重气体积浓度分别与 Thorney 实验数据和与文献 [15] 三维 CFD – RANS 模型的预报结果的比较结果。我们所改进并使用的二维模型能够正确预报浓度动态变化的趋势，对于浓度波峰出现的时间与体积浓度最大值较文献 [15] 中的 2 个三维 CFD – RANS 预报更加准确；对体积浓度最大值预报略低于实测，但仍处于三维 Standard e – k 模型和 Realizable e – k 模型的计算结果之间。主要偏差出现在时间 50s 之后，关于重气尾迹的小范围内的波动三维模型的预报结果未能体现，与 3 维 Standard e – k 模型预报结果接近。原因可以归结为，二维模型对地形的刻画不如三维模型完整，浓度在铅直坐标方向的扩散和交换无法体现。但在总体趋势和浓度峰值出现的时间预报上此二维浅层模型的预报精度能够与耗费计算机资源的三维模型相比，且无明显劣势。

图 5 – 5 记录的是在采样点 2 处我们改进和使用的二维浅层模型所预报的体积浓度与实测以及文献 [15] 中的三维 CFD – RANS 模型结果的比较。在障碍物下风背面 2 维模型的模拟结果与实测略有偏差，主要表现为浓度波峰的延迟到达，预报的浓度峰值相对于实测被低估。这应该主要归因于，其一，二维模型本身对立体障碍物的模式化存在局限；其二，体积浓度依赖于所预报的混合气体密度值，浅层模型所预报的是浅层高度范围以内的混合气体平均密度。但从时间平均值的角度，20 ~ 60s 以内的高浓度区间的浓度值与实测值比较接近。

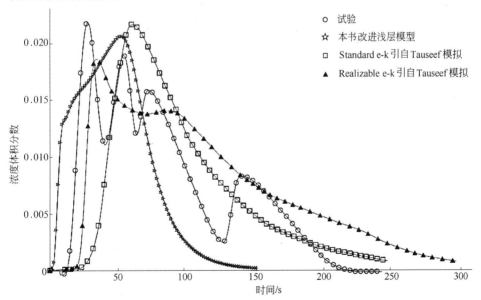

图 5 – 5　在采样点 2 重气体积浓度的实测值与大涡二维模型和文献 [15] 中三维 CFD – RANS 模型预报结果比较

5.2　个旧地形风洞实验改进的二维浅层模型模拟与检验

5.2.1　数值模拟的设定

本次模拟使用戴尔笔记本 LATITUDE D620 进行计算。计算机运行环境为：内存2G，双核CPU（@1.66GHz、1.31GHz）。模拟使用数学软件 Mathemathica 6.0 进行编程计算，该软件只能调用一个CPU，因此网格设置较为稀疏，网格总数仅在 10^4 数量级，这是对算法效率的检验。

模型模拟了中性稳定，即D类稳定条件下，大气边界层内，个旧城区 2km × 3.6km 范围内二维山地切面上的重气扩散、传输过程，并以个旧地形的风洞实验验证了二维浅层模型。计算域为此范围内的山地和城市地表平面，山地地形曲面的设置与风洞实验段山地地形模型一致。山地曲面的生成通过读取 1:10000 等高地形图数据并进行插值拟和而得到，如图 5-6 所示。个旧南面峡谷入口处，在假设情境中被设置为液化气泄漏源。利用风场测试的风廓线结果作为大气边界层风场条件引入模型。在北风携带作用下，模拟研究重气对主城区大部分面积的污染扩散过程，为风险评估预案的制定提供参考。个旧地形条件下所采用的部分参数被列入表 5-2。

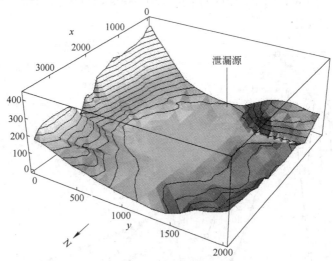

图 5-6　个旧地区部分山地地形图

表 5-2　个旧地形部分模型模拟参数

参　　　　数	数　　　值
大气稳定度类别	D
泄漏源类型	气态恒定喷射泄漏源

参　　数	数　　值
湍流模型	Smagorinsky - Lilly 大涡模型
幂律风廓线参考速度 $u_{a0}/\text{m} \cdot \text{s}^{-1}$	0.07502
参考高度 z_0/m	10
风廓线幂指数 λ （-）	0.58
卷流参数 a （-）	0.4
卷流参数 b （-）	0.125
地表摩擦系数 C_D （-）	0.42
环境温度 T_{env}/K	293
源温度 T_{sou}/K	280
常温下重气比热容 $c_{pd}/\text{kJ} \cdot \text{K}^{-1} \cdot \text{kg}^{-1}$	1.024
常温下空气比热容 $c_{pa}/\text{kJ} \cdot \text{K}^{-1} \cdot \text{kg}^{-1}$	1.4

　　中性条件下的风场测试结果为北风，采用此实测结果为二维浅层模型模拟的大气输入边界条件。除此之外其他边界处对所有变量皆使用自由出口的 0 导数边值条件。

5.2.2　模拟结果

　　图 5-7 记录了在 D 类大气稳定条件下浅层密度模拟的动态结果。图 5-7 完整表现出了浅层体系气体包括重气混合气体密度的传播全过程。烟羽的形态受地形影响明显。大于大气平均密度 1.29kg/m³ 部分浓度绕过地形西南面小山丘，沿峡谷地带传播，主要集中在低洼地区扩散，渠流和扰流现象明显。另一方面，整个传播过程中出现了两个密度主要集中的区域，并有所保持。其一峰值区域处于

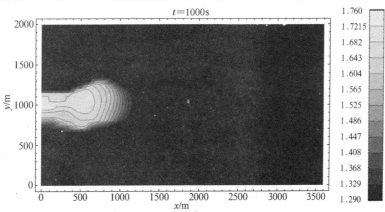

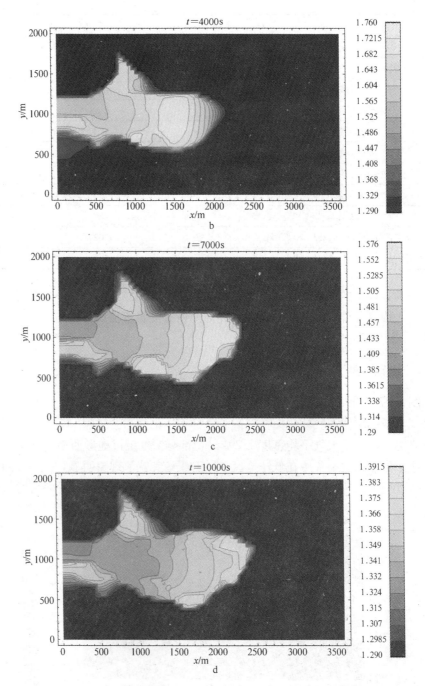

图 5 - 7　在时刻 $t = 1000s$、$t = 4000s$、$t = 7000s$ 和 $t = 10000s$ 时地表曲面切平面上二维模型
密度（单位：kg/m^3）分布等值线图

泄漏源附近，其二峰值出现在传播的前端，并且由于前者区域中泄漏源的喷射作用导致了局部速度改变明显，湍流明显，浓度传播的前沿局部密度空间差异明显，导致湍流明显，所以此两局部地区也是重气传播中卷流现象发生明显的区域。

图 5-8 列出了重气传播的温度变化过程。在模拟中喷射源重气温度低于环境温度（参见表 5-2）。低温区域的范围与相应时间的高密度区域范围基本一致。尤其在传播的初始阶段，1000 s 时低温区域集中在喷射源附近密度较高区域。4000 s 以内，因混合气体体系与边界层的速度差异，导致的大气卷流发生明显，在剧烈的湍流作用的影响下，混合体系与环境大气接口上浓度传播的前端部分温度较高，接近环境温度，并且局部温度变化复杂。在重气传播的后期，由于连续的稳态喷射泄漏，整个计算域内温度降低，并趋于平均化，但由于温度传播受西侧山涧地形的影响，相对孤立山涧低洼地带内相对部缺乏大气边界层气流湍流交换，温度仍保持较高环境温度。这表明，湍流作用、大气边界层速度以及温度差异和地形作用对温度的变化影响同样明显。

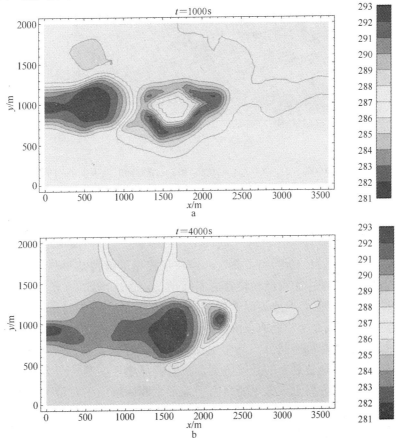

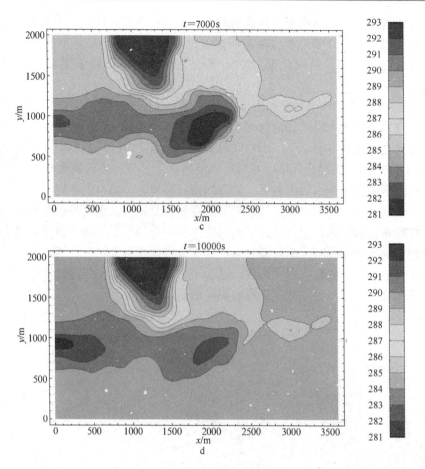

图 5 - 8　在时刻 $t = 1000s$、$t = 4000s$、$t = 7000s$ 和 $t = 10000s$ 时地表曲面切平面上大涡二维
模型温度（单位：K）分布等值线图

5.2.3　模拟与实验的比较

　　图 5 - 9 以及图 5 - 10 给出了此次二维浅层模型的模拟结果与风洞实验的测试值之间的比较。图中距离已经换算成实际地形尺度。图 5 - 9 给出的是泄漏源下风 1500m 处横截面上近地表面重气相对浓度的比较图。相对地，图 5 - 10 记录的数据是 $y = 0$ 截面上，近地表浓度的比较图。从横纵截面浓度的比较图看出，模型结果与实验在浓度空间分布趋势上比较吻合，在数值上比较接近。图 5 - 9 显示相对较远的下风位置上的数值仿真预报值明显小于实测。图 5 - 9 中相对浓度的分布集中在中心附近，这主要归因于地形东西两端山体对重气传播的影响。实验测试的浓度分布较模拟结果略宽，表现出直接针对中尺度进行压力调整的二维浅层模型更加突出了地形影响。

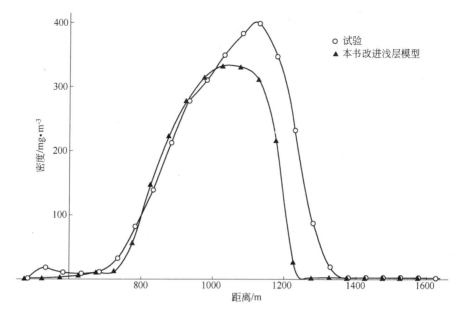

图 5 – 9　$t = 2200s$ 时，距离泄漏源下风 1.5m（对应实际尺度 1.5km）处近地表重气相对
密度的风洞测试模拟值与二维模型数值模拟值的比较

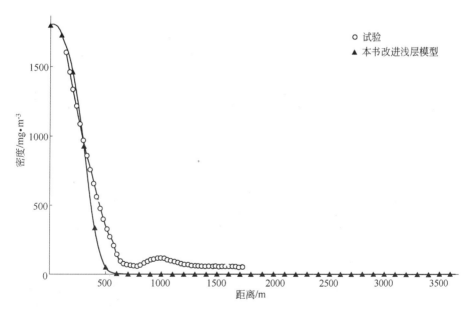

图 5 – 10　$t = 500s$ 时，横向（南北向）处近地表重气相对密度的风洞测试模拟值与二维
模型数值模拟值的比较

这当中的误差包括多种原因，可以主要归结为：

（1）二维浅层模型的对于三维问题在守恒律上本身的局限，尤其体现在卷流模型的选择和建立上。

（2）风洞环境湍流发展不及真实大气边界层充分。在数学模型上卷流的机理复杂，而在浅层模型一类模型中，对卷流的描述现多采用经验公式，缺乏统一理论。

（3）二维浅层模型中通过质量的二维守恒传递描述重气传播行为，此间接描述重气浓度的扩散方式存在一定局限。

（4）此次试验风洞环境并不能模拟热对流现象，以及热扩散现象，而模型考虑了热的扩散和传播。

（5）实验环境需要更精确的 Ri 数或 Fr 数近似。从图 5 – 10 可以看出在泄漏发生的初始时，实验测试结果与模型结果比较接近，浓度主要集中在泄漏源附近 500m 范围内，500m 范围以外区域测试浓度值高于模拟浓度。可见风洞实验条件下重气扩散现象更为明显，这可以解释为相对于实际尺度下风洞环境中 S_c 数较小，扩散现象被实验模拟高估。

5.3　个旧地形风洞实验改进的三维 CFD 模型模拟与检验

5.3.1　数值模拟的设定

建立和改进三维守恒律气体传输模型的关键内容是将地表信息更为精确和客观地表现出来，并同时减少计算机计算成本。由于存在山地等曲折地形，计算域几何形态复杂，并且对于不同的模拟环境，需要重新设定计算域和重新划分网格。这种对不同计算域或地形条件的"定制网格"的处理方式大大降低了模拟计算的效率。

网格划分的方法主要包括规则网格划分以及非结构网格划分。由于存在曲折地形的影响，一般的三维模拟使用后者。非结构网格划分方法将所考察的计算空间不均匀地划分为大量网格单元，网格分辨率在地面比较皱褶的范围内较高。网格可以是六面体，且网格形状、网格尺度不一。所计算求解的问题的收敛性或者稳定性条件取决于体积最小的网格尺度，换言之，在最小网格的尺度一致的情况下，因为随地形变化而设定生成的非均匀网格总数少于规则网格总数，非规则网格化问题的迭代计算成本小于均匀网格的算法问题，在计算效率上前者更优。但是另一方面，均匀网格的生成以及编程相对于非规则网格容易得多。

我们处理复杂地形的流体动力学模拟所使用的方法不同于以上两者。该方法可以被简述为使用规则网格计算地曲面坐标变换的控制方程组。为继承基本的均匀网格能够简化程序设计的优点，同时为做到较为精确地捕捉地形信息，我们首先基于地表曲面对传输模型的守恒律方程组进行坐标变换，并使用均匀网格计算经过变换后的方程组，最后将其解在实际物理域中表达出来。实际上，这种方法应属于贴体正交坐标网格方法。对此，我们在理论上给出了当地形曲面满足可导条件时的守恒律方程一般变换方式，这等价于完整给出了重气传输问题贴体正交网格不依赖于具体地形的一般方法，并应用于三维重气的模拟。可以说，这种方法在网格设置和生成方面较非结构网格简单高效，同时在地形特征的捕捉上又优于规则网格划分，而且这种方法对不同地形曲面具有普遍性，不再需要对地形条件"定制网格"。

复杂山地地形的三维流体动力学模拟设定主要包括两方面：其一，基于地曲面的控制方程组的坐标变换；其二，复杂地形条件下的各边值条件设定。首先在理论上按照以下方式给出控制方程组一般地曲面坐标变换形式。

定义地表曲面函数 $e(x,y)$ 为水平范围 $[0, X_{max}] \times [0, Y_{max}]$ 内位置 (x,y) 处的地面起伏的相对高度，并规定地面最低点位置高度 $e_{min} = 0$。一般情况下连续函数 $e(x,y)$ 通过插值不同离散采样点上的地面相对高度得到。这样，上述流体动力学问题的定义域为三维计算：$\Omega_0 = \{(x,y,z) \mid (x,y,z) \in [0, X_{max}] \times [0, Y_{max}] \times [e, Z_{max}]\}$。因地形起伏的不同，此范围并非一个规则的区域。为了完成规则网格的设置，须将上述空间范围转换为规则的方形区域。为此，在铅直方向的传输范围内 $[e, Z_{max}]$ 定义无量纲高度变量 ξ 如下：

$$\xi(x, y, z) = \frac{z - e(x, y)}{Z_{max} - e(x, y)} \tag{5-5}$$

通过无量纲高度 ξ，原传输扩散问题被转换到计算求解域：$\Omega = \{(x, y, \xi) \mid (x, y, \xi) \in [0, X_{max}] \times [0, Y_{max}] \times [0, 1]\}$。在新坐标系 $x - y - \xi$ 下原流体动力学问题将被改写，改写的守恒律方程自身包含了地形曲面的变化特征且对于不同地形具有一般性。

由于无量纲尺度 ξ 的坐标轴的单位矢量的大小和方向与 k 一致，因此可以以单位矢量 k 为 ξ 坐标轴的单位矢量，这表明，以下流场问题同样在 $i - j - k$ 坐标架下讨论，所不同的是，各变量是以 x、y 和 ξ 为变量的未知函数或矢量函数。图 5-11 是使用无量纲高度前后求解域的变化示意图。

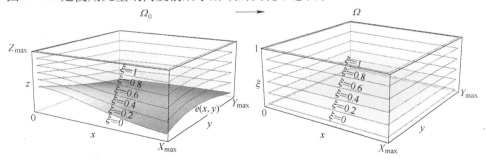

图 5-11 地曲面坐标变换求解域变化示意图

5.3.1.1　基于地型曲面的控制方程组的坐标变换。

物理量的相对参考系发生变化时，物理量本身性质和其约束规律不会发生变化，发生改变的只是物理量和参考系尺度变量之间的具体关系的形式。描述流场的各标量或向量是空间尺度和时间尺度变量的函数，对其约束的守恒律方程是各个变量在梯度、散度算符作用下满足某种平衡关系。流场的基本守恒律关系保持不变，当坐标发生变换时，梯度、散度（有时包括旋度）的形式发生变化。在 $x-y-\xi$ 坐标下以梯度和散度形式重写 CFD 模型方程如下，其中符号 "∇_e" 表示在地曲面坐标下的梯度，其具体形式参见表 5-3，确定算符的推导过程详见附录 E。

质量守恒整体密度连续方程（3-38）变为：

$$\frac{\partial \rho}{\partial t} + \nabla_e \cdot \rho \boldsymbol{v} = r_{\rho d} + r_\rho \tag{5-6}$$

坐标变换后的组分守恒方程（3-41）变为：

$$\frac{\partial c}{\partial t} + \boldsymbol{v} \cdot \nabla_e c = \frac{1}{\rho} \nabla_e \cdot \left[(D_d + D_t) \rho \, \nabla_e c \right] \tag{5-7}$$

i（=1，2，3）各方向动量方程（3-42），在地曲面坐标下的形式为：

$$\frac{\partial u_i}{\partial t} + \boldsymbol{v} \cdot \nabla_e u_i = -\frac{1}{\rho} \nabla_e P + \left(1 - \frac{\rho_a}{\rho}\right) g_i + (u_{\text{soui}} - u_i)\frac{r_{\rho d}}{\rho} + \frac{\rho_d}{\rho} r_{\text{usoui}}$$
$$+ a_i + \nabla_e \cdot \tau_{\text{SGS}} - C_f u_i |\boldsymbol{v}| \tag{5-8}$$

最后，坐标变换后地曲面坐标下的温度方程：

$$\frac{\partial T}{\partial t} + \boldsymbol{v} \cdot \nabla_e T = \frac{1}{c_p \rho} \nabla_e \cdot \left[(K + K_t) \nabla_e T \right] + \frac{c_{\text{pd}}(T_{\text{sou}} r_{\rho d} + \rho_d r_{\text{Td}})}{c_p \rho} \tag{5-9}$$

表 5-3 是势、场函数的梯度、散度和旋度算符的具体形式。因地区面的参与算符形式变得复杂，但当地区面变成平面时两者一致。

表 5-3　在 $x-y-z$ 和 $x-y-\xi$ 坐标系下标量函数 S 的梯度运算和矢量函数 A 的散度旋度运算

运算 ＼ 域	在 Ω_0 域，$x-y-z$ 坐标系下	在 Ω 域，$x-y-\xi$ 坐标系下
梯度	$\nabla S = \left(\dfrac{\partial S}{\partial x}, \dfrac{\partial S}{\partial y}, \dfrac{\partial S}{\partial z} \right)^T$	$\nabla_e S = \left(\dfrac{\partial S}{\partial x} - e_x \xi_z \dfrac{\partial S}{\partial \xi}, \ \dfrac{\partial S}{\partial y} - e_y \xi_z \dfrac{\partial S}{\partial \xi}, \ \xi_z \dfrac{\partial S}{\partial \xi} \right)^T$
散度	$\nabla \cdot A = \dfrac{\partial A_1}{\partial x} + \dfrac{\partial A_2}{\partial y} + \dfrac{\partial A_3}{\partial z}$	$\nabla_e \cdot A = \dfrac{\partial A_1}{\partial x} - e_x \xi_z \dfrac{\partial A_1}{\partial \xi} + \dfrac{\partial A_2}{\partial y} - e_y \xi_z \dfrac{\partial A_2}{\partial \xi} + \xi_z \dfrac{\partial A_3}{\partial \xi}$
旋度	$\nabla \times A = \begin{pmatrix} \dfrac{\partial A_3}{\partial y} - \dfrac{\partial A_2}{\partial z} \\[2mm] \dfrac{\partial A_1}{\partial z} - \dfrac{\partial A_3}{\partial x} \\[2mm] \dfrac{\partial A_2}{\partial x} - \dfrac{\partial A_1}{\partial y} \end{pmatrix}$	$\nabla_e \times A = \begin{pmatrix} \dfrac{\partial A_3}{\partial y} - \xi_z \dfrac{\partial A_2}{\partial \xi} - e_y \xi_z \dfrac{\partial A_3}{\partial \xi} \\[2mm] \xi_z \dfrac{\partial A_1}{\partial \xi} - \dfrac{\partial A_3}{\partial x} + e_x \xi_z \dfrac{\partial A_3}{\partial \xi} \\[2mm] \dfrac{\partial A_2}{\partial x} - \dfrac{\partial A_1}{\partial y} + \xi_z \left(e_y \dfrac{\partial A_1}{\partial \xi} - e_x \dfrac{\partial A_2}{\partial \xi} \right) \end{pmatrix}$

5.3.1.2　曲折地表条件下的地面边值条件

在近地表边界处，各标量的边界条件设定应该考虑到曲折地形的影响。我们对标量的 Neumann 导数边值有所改进，强调三维有向导数全部指向地曲面的法向方向，在地表边界处任意位置与地表垂直。标量的边值满足地曲面的法向边值条件。现以密度 ρ 为例，经由以下步骤给出导数边值具体形式。

地曲面横、纵方向的切向单位向量分别为：

$$\boldsymbol{n}_{\text{lat}} = \frac{1}{\sqrt{e_x^2 + 1}}(1,\ 0,\ e_x)^T \tag{5-10}$$

$$\boldsymbol{n}_{\text{long}} = \frac{1}{\sqrt{e_y^2 + 1}}(0,\ 1,\ e_y)^T \tag{5-11}$$

得到法向单位向量为：

$$\boldsymbol{n}_{\text{ver}} = \boldsymbol{n}_{\text{lat}} \times \boldsymbol{n}_{\text{long}} = \frac{1}{\sqrt{e_x^2 + e_y^2 + 1}}(-e_x,\ -e_y, 1)^T \tag{5-12}$$

式中，e_x、e_y 分别表示地曲面在 x、y 方向的偏导数。法向方向密度的 0 导数边值：

$$\frac{\partial \rho}{\partial \boldsymbol{n}_{\text{ver}}}\bigg|_{z=e} = 0 \tag{5-13}$$

即：

$$0 = e_x \frac{\partial \rho}{\partial x}\bigg|_{z=e} + e_y \frac{\partial \rho}{\partial y}\bigg|_{z=e} - \frac{\partial \rho}{\partial z}\bigg|_{z=e} \tag{5-14}$$

另一方面，在切地表横、纵各方向密度的导数为：

$$\frac{\partial \rho}{\partial \boldsymbol{n}_{\text{lat}}}\bigg|_{z=e} = \frac{1}{\sqrt{e_x^2 + 1}}\left(\frac{\partial \rho}{\partial x}\bigg|_{z=e} + e_x \frac{\partial \rho}{\partial z}\bigg|_{z=e}\right) \tag{5-15}$$

$$\frac{\partial \rho}{\partial \boldsymbol{n}_{\text{long}}}\bigg|_{z=e} = \frac{1}{\sqrt{e_y^2 + 1}}\left(\frac{\partial \rho}{\partial y}\bigg|_{z=e} + e_y \frac{\partial \rho}{\partial z}\bigg|_{z=e}\right) \tag{5-16}$$

至此式（5-14）~式（5-16）组成关于变量——密度关于 x、y、z 各坐标方向导数的线性方程组。解之，取密度在 z 方向的导数边值：

$$\frac{\partial \rho}{\partial z}\bigg|_{z=e} = \frac{1}{e_x^2 + e_y^2 + 1}\left(e_x\sqrt{e_x^2 + 1}\frac{\partial \rho}{\partial \boldsymbol{n}_{\text{lat}}}\bigg|_{z=e} + e_y \sqrt{e_y^2 + 1}\frac{\partial \rho}{\partial \boldsymbol{n}_{\text{long}}}\bigg|_{z=e}\right) \tag{5-17}$$

当中切地表横、纵各方向密度的导数可以使用差分方法在数值计算中直接求得。现利用如下关系，可将其换成 ξ 坐标的 ξ 方向的导数边值：

$$\frac{\partial \rho}{\partial \xi}\bigg|_{\xi=0} = \left(\frac{1}{\xi_z}\frac{\partial \rho}{\partial z}\right)_{z=e} \tag{5-18}$$

至此密度的地表铅直方向的导数边值的形式被确定。同理，温度的边界条件为：

$$\left.\frac{\partial T}{\partial \xi}\right|_{\xi=0} = \frac{Z_{\max}-e}{e_x^2+e_y^2+1}\left(e_x\ \sqrt{e_x^2+1}\left.\frac{\partial T}{\partial \boldsymbol{n}_{lat}}\right|_{z=e} + e_y\ \sqrt{e_y^2+1}\left.\frac{\partial T}{\partial \boldsymbol{n}_{long}}\right|_{z=e}\right) \quad (5-19)$$

另外，地表处铅直速度的边值条件引用大气运动方程组的下边界条件[93]：

$$w = e_x u + e_y v \qquad\qquad\qquad (5-20)$$

以上对重气扩散的三维流体动力学模型的复杂地形适应性处理方式具有普遍意义，可以应用于不同连续可导（不计楼宇）山地地形条件的重气扩散模拟。此次针对个旧地形的重气泄漏扩散模拟，计算域为个旧城区 3.6km×2km 范围。

5.3.1.3　模拟参数和模拟环境

本次三维 CFD 模型的模拟使用戴尔笔记本 LATITUDE D620 进行计算。计算机运行环境为：内存 2G，双核 CPU（@1.66GHz、1.31GHz）。模拟使用数学软件 Mathematica 6.0 进行编程计算，该软件只能调用一个 CPU，因此网格设置较为稀疏，网格总数仅在 10^5 到 10^6 数量级，这是对算法效率的检验。

模拟中性稳定，即 D 类稳定条件下，大气边界层内，个旧城区 2km×3.6km 范围内二维山地切面上的重气扩散、传输过程，并以个旧地形的风洞实验验证了此三维 CFD 模型。计算域为此范围内的山地和城市地表平面，山地地形曲面的设置与风洞实验段山地地形模型一致。山地曲面的生成通过读取 1:10000 等高地形图数据并进行插值拟和得到，如图 5-6 所示。个旧南面峡谷入口处，在假设情境中被设置为液化气泄漏源。利用风场测试的风廓线结果作为大气边界层风场条件引入模型。在北风携带作用下，模拟研究重气对主城区大部分面积的污染扩散过程。个旧地形条件下所采用的部分参数被列入表 5-2。

5.3.2　模拟结果

图 5-12 和图 5-13 记录了同在 D 类稳定条件下时间 5s 不同高度处的水平风场向量分布。图 5-12 和图 5-13 风场所处海拔高度分别是 1771m 和 1881m。从图中可以明显看出水平风场受地表山地地形影响显著。入口附近的山谷对风速方向有限制作用，气流往中间山谷低洼地带并偏向下风方向运动的趋势明显。在 1771m 高度（距离计算域最低位置相对高度 64m）处，由于重气在谷底的集中而导致了局部压力较高，图中风速表现出向外发射的向量分布形式。下风位置处风速方向随山谷地形表现出渠流现象。图 5-13 显示，在较高位置上风速接近 10m/s。风速受地形的影响仍然明显。在入口山谷以西山丘顶部的平均风速最大，东面与其相对位置的风速略低，原因在于东面处于山坡地带，而西面山丘顶端已不存在地形的阻挡。

图 5-14 分别截取时刻 100s、500s、900s 和 1300s 的密度等值线，记录了混合气体浓度的动态变化过程。图中显示，污染气体重气的烟云随风向迁移扩散。最外层密度等值面上的密度大小与大气密度比较接近，扩散和传输作用表现明

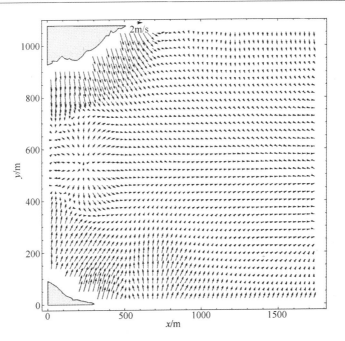

图 5 – 12 时间 5s 海拔高度 1771m 处水平风场向量图

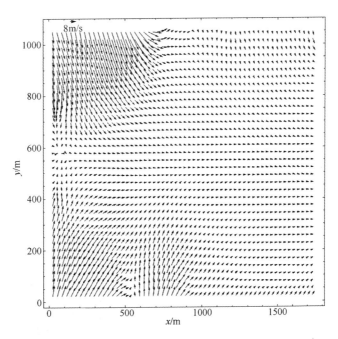

图 5 – 13 时间 5s 海拔高度 1881m 处水平风场向量图

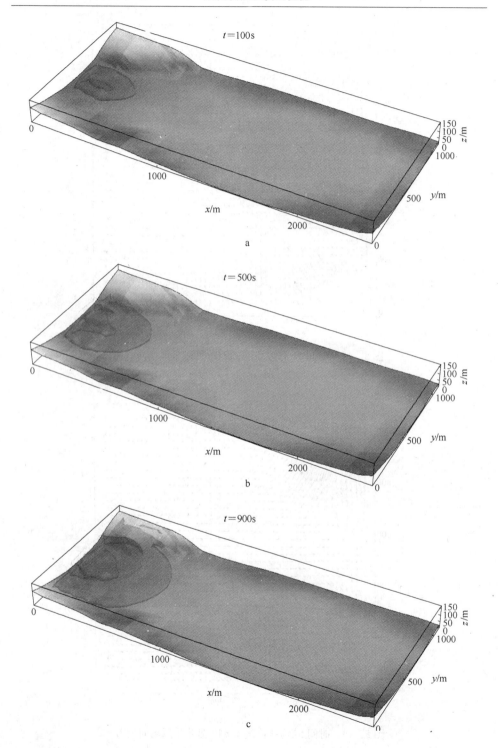

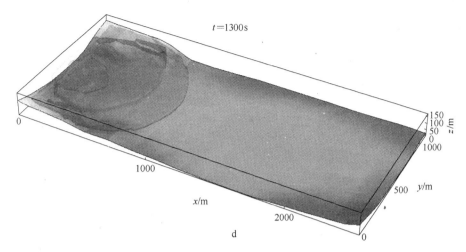

图 5 - 14 在 $t = 100s$、$t = 500s$、$t = 900s$ 和 $t = 1300s$ 不同时刻重气浓度的三维混合气体密度局部等值面分布图（从外向内的密度等值面分别表示的密度值为 $1.3kg/m^3$、$1.35kg/m^3$、$1.40kg/m^3$、$1.45kg/m^3$、$1.50kg/m^3$ 和 $1.55kg/m^3$ 的界面）

显。内部高密度的等值线面表现出重气的爬流现象明显。地形对烟羽形态有一定限制作用。过程中由于密度的分布不均和压力梯度作用，烟羽密度趋于平均化。由于三维 CFD 模型所使用的压力为理想气体状态压力，突出了局部密度的分布不均对气体运动的推动作用，在整体模拟结果上，烟羽的运动受气压驱动作用比二维模型浅层显著。

5.3.3 模拟与实验的比较

图 5 - 15 和图 5 - 16 是此次三维 CFD 模型的预报结果与风洞实验的测试值之间的比较。图 5 - 15 和图 5 - 16 分别是泄漏源下风 1500m 处纵向近地表面重气相对浓度的比较和在 $y = 0$ 截面上，近地表浓度的比较图。

总体来讲模型预报的浓度空间分布趋势与实验结果一致，但在数值上存在偏差。重气爬流现象上，风洞测试结果比模型的模拟结果突出。图 5 - 15 中模型预报的浓度较实验测试偏低。

模拟与风洞试验的测试结果之间的偏差应当归因于多方面的原因，包括：

（1）编程模拟模型的网格划分的细致程度十分稀疏，比起一般 CFD 专业模拟软件要小得多。模型开发的目的是为了工程快速预报的模拟预报普及的需要，而选用运行环境较低的笔记本 PC 机进行计算。这同时也表明模型能够大大减少计算成本，而结果的精度有巨大的提升余地。

（2）风洞实验条件不能完全实现背景大气密度、温度层结和科里奥利力的模拟。

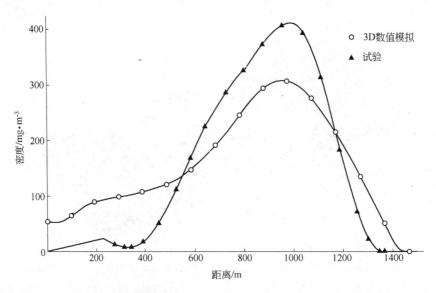

图 5 – 15 $t = 2200s$ 时，距离泄漏源下风 1500m（换算成实际尺度）处近地表重气相对密度
的风洞测试模拟值与 3D – CFD 模型数值模拟值的比较

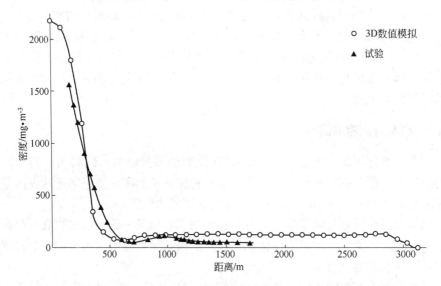

图 5 – 16 $t = 500s$ 时，横向（南北向）处近地表重气相对密度的风洞测试模拟值与
3D – CFD 模型数值模拟值的比较

（3）风洞实验条件的重气重力相似性较弱，以及模型模拟的计算域不直接
针对地表楼宇而设计，大面积楼宇的影响被参数和模式化为摩擦曳力。

（4）此次试验风洞环境并不能模拟热对流现象，以及热扩散现象，而模型
考虑了热的扩散和传播。

5.4 本章小结

本章首先利用二维浅层模型模拟预报了 Thorney 场地实验和个旧地形条件下稳态连续点源液化气泄漏的风洞实验两个实验情境。模拟设置当中具体给出了二维模型的立体障碍物处理方案的一般方法，并应用于针对 Thorney 场地实验测试 26 的模拟。模拟的结果在趋势上与实验一致，数值上接近，与同情境模拟的三维 RANS 的两种湍流模型比较，其预报精度与三维模型相当，这凸现了二维模型节约计算机资源和计算时间的优势。对于山地地形风洞实验的二维浅层模型模拟结果与实验测试趋势上一致，但在数量上有所偏差，这应与使用重力势能近似压力有关。二维模型适于障碍物和压力的复杂地形。在三维模型针对个旧山地重气泄漏情境的模拟设置中，本章创造性地提出了完整的基于地曲面坐标变换的方法和准确的标量地表 Neumann 边值条件的解析形式。模拟结果与风洞测试结果在趋势上一致，在数量上有所偏差。误差的原因主要来自网格划分不够细密以及使用近似手段模式化楼宇对风场影响。模型与实验的比对验证了两个改进模型。

6 模型预报

6.1 二维浅层模型对不同泄漏口面积的重气扩散预报

在个旧大气边界层以及地形条件下,以二维浅层模型为工具,使用数值模拟的方法预报当泄漏源的泄漏口面积不同时,重气泄漏扩散发生的情况和研究不同泄漏口面积对重气传输扩散的影响。

当前情境下泄漏源满足如下假设:

(1)泄漏源属于气相动态连续喷射源类型。重气保持气体状态,对于重气,整个过程中不考虑其相变或无相变。

(2)重气被高密度压缩存储在固定体积的存储罐中,存贮体积固定。

(3)泄漏重气总质量为固定值。

(4)在比较模拟结果时,设定不同泄漏口的孔面积,但泄漏口面积与泄漏源与传输体系间的接口面积之比保持固定值。

(5)泄漏源泄漏口附近环境温度保持为固定源温度 T_{sou},泄漏口附近环境气体密度为当时浅层密度。基于以上假设,对包括稳定度、温度、边界层风场、计算域范围和扩散源位置等在内的基本模拟设置不变,仅调整泄漏源为连续动态的气态喷射源。使用气态喷射源的动态模型刻画气体泄漏时储气罐中重气密度(或压力)随时间的变化情况,以及泄漏源流速的向量大小和方向等特征。

根据连续喷射源模型,二维浅层传输模型给出了不同泄漏口面积和相同泄漏重气质量总量条件下,当存储罐体内重气密度从相同的固定值泄漏达到环境密度值的同时,复杂地形以及大气边界层环境条件影响下,重气传播面积以及最远传播距离的比较结果。当中,最大传输面积的定义为浅层内混合气体密度大于指定的密度临界值的最大地表面区域的面积;最大传输距离定义为浅层密度大于临界密度的位置距离喷射源位置的最大距离。所选择的临界密度为 $1.3 kg/m^3$。以最大传输面积和最大传输距离参数为指标,量化比较不同泄漏源喷射口的大小对重气扩散和传播的影响。

图 6-1 给出了当泄漏口面积分别为 $8cm^2$、$10cm^2$ 和 $12cm^2$ 三种情况时,存储罐内重气平均密度,即泄漏源重气的喷射密度随时间的变化情况,为泄漏源方程(3-51)与二维浅层模型耦合的数值解。重气泄漏的整个过程泄漏源重气密度随时间单调递减。明显地,泄漏口面积越大,重气密度将更快地趋于环境密度;相应地,喷射口流速也更快,泄漏源重气的喷射时间越短。

图 6-2 和图 6-3 为不同泄漏口面积的喷射情况下,环境中最大传输距离以

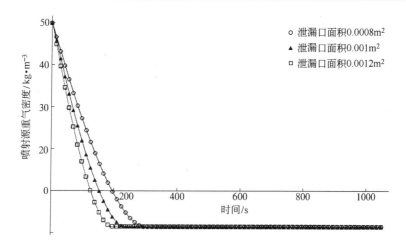

图 6-1 当泄漏口面积分别为 8cm² 、10cm² 和 12cm² 时泄漏源存储罐泄漏口处的
重气喷射密度随时间变化情况

及最大传输面积动态变化过程的比较。从图中可以看出，对于泄漏口面积分别为
8cm² 、10cm² 和 12cm² 的情况，自喷射开始后任意时刻，较大泄漏口面积的重气
所覆盖的地表面积以及最大传播距离都大于泄漏口较小情况下的相应面积和距离
指标。这初步说明，在一定环境风速下，虽然泄漏口面积增大喷射时间随之减
小，但重气的污染面积和传播距离却显著增加。对于最大传输距离，如图 6-2
所示，三种喷射口面积情况下的传输距离在时间上有相似的变化趋势：起初稳步
增长直到达到峰值，而后陡然下降。这表现出泄漏源的喷射对环境大气的密度有

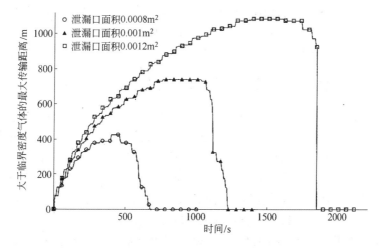

图 6-2 当泄漏口面积分别为 8cm² 、10cm² 和 12cm² 时个旧地形下重气传输过程中，
大于临界密度的重气所覆盖的位置距离泄漏源的最远距离随时间变化情况

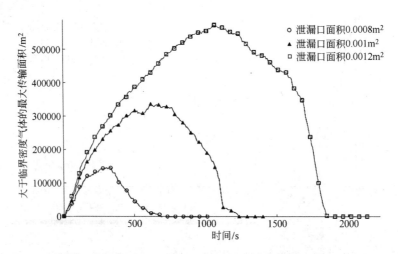

图 6 - 3　当泄漏口面积分别为 8cm² 、10cm² 和 12cm² 时个旧地形下重气传输过程中，
大于临界密度的重气所覆盖范围的面积最大值随时间变化情况

所积累，较大喷射口的喷射对重气在环境的积累明显；而在相对缓和的中性环境风速中，重气的携带和扩散作用在喷射结束之后才有明显的体现。图 6 - 3 所示面积指标在三种不同泄漏面积情况下表现出的在时间上的变化趋势略有不同。当泄漏口面积较小时，最大传输面积逐渐增加随后缓慢下降；泄漏口面积增加后，达到峰值后的最大传输面积剧烈下降。这表明当泄漏源喷射流速远大于环境风场的传输速度时，重气瞬间积累明显，持续不断地大气输运作用难以体现；相反，喷射流速较小时，环境风速对重气的携带使得整个区域内的混合气体密度分布得更加均衡，环境风速的携带作用易于表现出来，使得重气以较低的比例广泛的分布于整个区域内。表明泄漏口面积对重气的传播与扩散有明显影响。对于同等重气泄漏总量的气态喷射源，保持较小的泄漏口面积易于污染气体的扩散。

6.2　二维浅层模型对含重气液滴的重气体系的扩散预报

　　同样在个旧大气边界层、地形情况以及 D 类大气稳定度条件下，以二维浅层模型为工具，使用数值方法模拟预报存在重气液滴条件下，气、液两相重气体系的传播扩散、现象。观测重气液滴云团的动态传播行为。模拟沿用个旧地形条件的所有设置，气态喷射泄漏源为连续稳态源，泄漏流速、温度、边界层风场、计算域范围和扩散源位置等参数在内的参数与 5.2.1 节的模拟一致。以下选取了重气液滴的相对体积分数和气态重气的密度作为模拟结果的演示。

　　从重气液滴的动态分布图 6 - 4 可以看出重气液滴的相对体积分数在最大值随时间的推移而减小，重气液滴总体积分数逐渐被稀释。另一方面，重气液滴云团在边界层大气流场和自身体系压力梯度的作用下发生扰流现象。重气液滴云团随时间推移绕过地形西南山丘，而由于西南山丘以北处于山涧背风地带，此处重气液滴云团的运动相对十分缓慢。从气态密度的动态分布图6-5可以看出，气

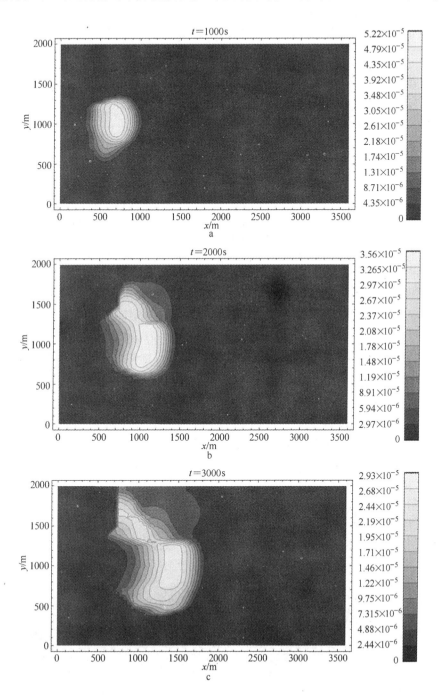

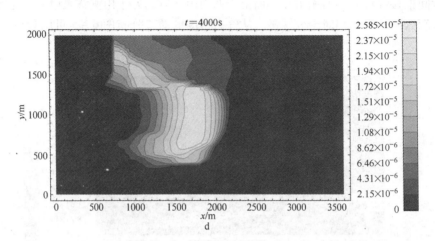

图 6 - 4　在时刻 $t=1000\text{s}$、$t=2000\text{s}$、$t=3000\text{s}$ 和 $t=4000\text{s}$ 时平面上二维浅层模型对
重气液滴的相对体积分数的分布等值线模拟预报图

态重气密度最高区域保持在泄漏源附近。同等条件下，相对于不含重气液滴的纯重气的传播过程而言，含重气液滴的重气体系的传播表现出两个特点：其一，气态重气密度较低，原因在于相间传质的发生，使液态液滴中包含了大量重气质量；其二，气态重气密度整体移动速度缓慢。这与重气液滴体系的混合整体密度较高有关。与图 6 - 4 的比较可以看出，在空间上重气液滴云团集中的区域与气态重气密度集中的区域有一定互补关系，重气液滴云团易于集中在相间传质反应缓慢的区域，此区域中气态密度分布较少。相对地，气态重气密度较高区域重气液滴分布较少，这体现了重气成分在气、液体系之间的质量分布的总量守恒关系。

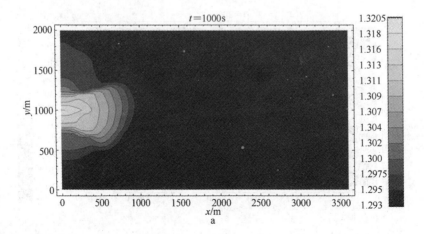

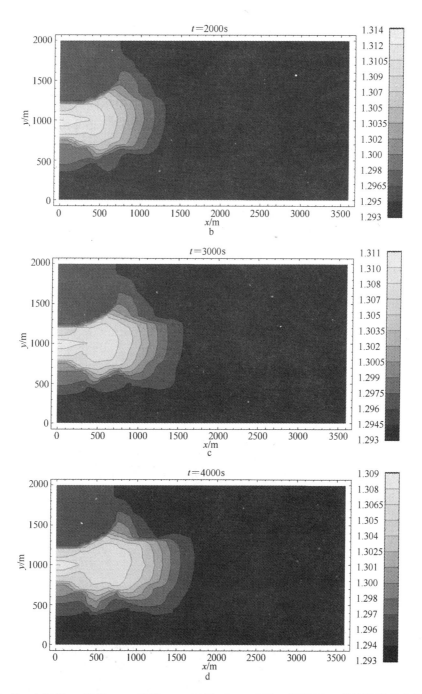

图 6-5 在时刻 $t=1000s$、$t=2000s$、$t=3000s$ 和 $t=4000s$ 时平面上二维浅层模型对重气气态密度的分布等值线模拟预报图

6.3　三维 CFD 模型对含重气液滴的重气体系的扩散预报

使用三维 CFD 流体动力学工具，模拟预报在个旧大气边界层以及地形条件下，含液滴重气扩散行为。包括大气稳定度在内的一切模拟设置同 5.3.1 节。图 6-6 是液滴相中平均重气质量分数的动态分布图。图中不同等值面所代表的液滴相中的重气相对质量分数的值从外到内分别是 4×10^{-4}、6×10^{-4}、8×10^{-4}、1×10^{-3}、1.2×10^{-3} 以及 1.4×10^{-3}。整体上讲，图 6-6 表明液滴相对重气质

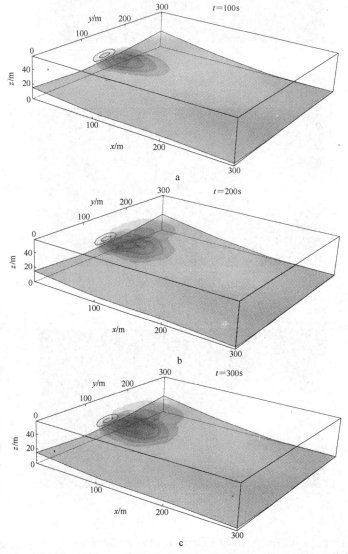

图 6-6　在时刻 $t = 100$s、$t = 200$s 和 $t = 300$s 时平面上三维 CFD 模型对液相中
重气相对质量分数的分布等值线模拟预报图

量分数随喷射的发展有增加的趋势，但也有趋于平稳的趋势，在风场的携带作用下，局部的平衡有所改变。

6.4　本章小结

本章分别使用二维浅层模型和三维流体动力学（CFD）模型模拟预报了在个旧地形条件下几种重气扩散的情境。首先使用二维浅层模型研究了动态泄漏源的气态重气喷射扩散过程。比较了不同泄漏口面积的喷射泄漏条件下最大污染面积和最大重气传输距离两个量化指标，在此基础上研究泄漏口面积对重气污染的影响。指出在环境风速一定的情况下，虽然泄漏口面积较大喷射时间缩短但容易产生局部大面积重气的积累，反之亦然。本章模拟研究了含重气液滴的重气扩散过程，使用重气液滴传质模型分别耦合了二维浅层模型和三维 CFD 模型。模拟结果演示了重气液滴云团的运动过程以及重气质量分别在气液两相中的分属。指出重气液滴云团的相对体积受风场的携带作用明显，重气组分分布于重气液滴当中的质量趋于并容易保持在一个相对稳定水平。

7 总结和展望

7.1 结论

（1）关于泄漏喷射源项，指出喷射源模型与传输扩散模型的划分应以中间压力为界，应结合重气喷射源模型和守恒律传输模型在尺度和时间分辨率上的差异而分别建模，通过喷射质量流率和流速变量作为接口变量整合源问题与传输问题两个模块。

（2）二维浅层模型与 Thorney 场地实验和风洞实验的比较说明，改进的二维浅层模型适用于重气扩散的预报，并有较高精度，节约计算机时间，比较复杂的 CFD 模型在工程预报风险评估应用方面有优势。

（3）通过与风洞实验的比较和验证，改进的三维 CFD 模型以及基于地形的坐标变换方法能够适应山地条件的三维重气扩散模拟，并对不同地形曲面形态具有一般性。

（4）模拟表明，在小尺度（尺度量级 10^2 m）中性稳定条件下重气传播主要受气体局部状态压力和密度分布不均所影响，边界层大气的携带作用明显。曲折山地对重气的传播阻碍和限制作用明显，重气烟羽形态受地形条件制约容易发生渠流、扰流或局限在局部低洼地带；卷流在重气烟羽传播的前锋区域和泄漏源附近发生明显。

（5）在环境风速一定的情况下，泄漏口面积对重气的扩散、传播有明显影响，指出当泄漏口面积较大能够缩短喷射时间但容易产生局部大面积重气的积累，不易于重气的扩散，反之，重气扩散并达到安全浓度所需时间较长，但局部浓度不易积累。

（6）我们建立或改进的二维浅层模型和三维 CFD 模型，以及提出的算法方案效率高，适应于工程应用。算法迭代格式满足收敛性，压力修正方案兼顾气体的相对不可压和绝对可压性。其软件产品可成为风险评估和决策辅助工具，有进一步开发的潜力。

7.2 创新和进步

（1）关于改进的二维浅层模型，我们提出并检验了浅层模型在中尺度复杂地形条件下的近似适用性准则，指出在中尺度或城市尺度或以上范围的浅层模型应以重力势能梯度代替压力梯度；在小尺度范围内使用气体压力作为相对压力计算加速即将得到更加精确的结果。并且，创新地设计了存在立体障碍物时的二维模型适用技术。

（2）关于三维 CFD 模型，我们得到基于一般地曲面变换的 CFD 控制方程组，省略了非结构网格的划分和设置，适应不同复杂山地环境中重气或气体的传输扩散问题的模拟，方法具有普遍意义。另一方面，文章指出标量在地表边界处应沿地表曲面法向方向取 Neumann 边值，并在数学上给出了地表边界处的标量边值条件的计算式。

（3）关于重气液滴的产生和传播，本书从重气液滴体积分布的动态平衡、相变能量守恒以及相间传质三个方面简化了重气体系中气液两相的重气液滴的质量分布问题，突出重气液滴相与气相之间的整体传质关系，而建立了相对简单的含重气液滴的重气扩散、传播模型。

（4）在算法设计和优化方面，本书构造的流体动力学迭代算法为一种精确、稳定的偏微分方程组显示迭代格式，包含微分方程的半离散格式，时间交错的时间积分方案，以及最优化压力修正方案三方面。半离散格式对速度场的变化不敏感，较传统差分格式稳定；交错的时间积分方案利于标量和向量迭代的耦合；最优化的压力修正方式兼顾局部气体可压性和中尺度边界层气体传输的相对不可压特征。算法比传统算法提高了时间步长和计算效率。

7.3 展望和建议

应当指出的是，虽然本书在以上诸多方面针对重气泄漏和扩散现象做了详细的模型研究和创新，并对模型作了验证，但是由于重气的泄漏、扩散有极大综合性和复杂性的特点，其融和了包括传热、传质和相变甚至化学反应在内多种物化动态过程，受约束于多方面的因素。

这里需要说明的是浅层模型和三维 CFD 模型对风洞试验的测试结果有所偏差，这当中的误差包括多种原因。首先，对于浅层模型其原因被主要归结为：

（1）二维浅层模型的对于三维问题在守恒律上本身的局限，尤其体现在卷流模型的选择和建立上。

（2）风洞环境湍流发展不及真实大气边界层充分。在数学模型上卷流的机理复杂，而在浅层模型一类模型中，对卷流的描述现多采用经验公式，缺乏统一理论。

（3）二维浅层模型中通过质量的二维守恒传递描述重气传播行为，此间接描述重气浓度的扩散方式存在一定局限。

（4）此次试验风洞环境并不能模拟热对流现象，以及热扩散现象，而模型考虑了热的扩散和传播。

（5）相对于实际尺度下风洞环境中 S_c 数较小，扩散现象被实验模拟所高估。另外，关于三维 CFD 模型对个旧地形的重气连续源泄漏场景的风洞测试的模拟误差的原因可以主要被归结为：

（1）编程模拟模型的网格划分的细致程度十分稀疏，比起一般 CFD 专业模拟软件要小得多。模型开发的目的是为了工程快速预报的模拟预报普及的需要，而选用运行环境较低的笔记本 PC 机进行计算。这同时也表明模型能够大大减少计算成本，而结果的精度有巨大的提升余地。

（2）风洞实验条件不能完全实现背景大气密度和温度层结和科里奥利力的模拟。

（3）风洞实验条件的重气重力相似性较弱，以及模型模拟的计算域不直接针对地表楼宇而设计，大面积楼宇的影响被参数和模式化为摩擦曳力。

（4）此次试验风洞环境并不能模拟热对流现象，以及热扩散现象，而模型考虑了热的扩散和传播。

因此关于重气泄漏、扩散的守恒律模型的应用和普及研究还有待于在各个方面完整和充分深入地展开。当中应涉及：

（1）在模型本身上，关于二维浅层模型的参数确定和相关灵敏度分析上还需深入探讨。

（2）书中所提出的含重气液滴的气 – 液两相重气模型还有待验证和完善；当中对于泄漏源喷射流中存在相变过程的模型研究以及其与传输模型的整合是研究的难点，需在实验和理论上继续展开。

（3）在模拟方面，更加精细的网格划分有助于预报精度的提高。

（4）关于三维 CFD 模型的中尺度模拟的地曲面的坐标变换方法，在技术上可以继续改进无量纲高度的定义方式，达到在网格总数一定的情况下，粗略描述远离地表高空处的气体流动并细致刻画地表附近的流体运动的目的。除此之外，对于诸如植被、湖泊等复杂地表下垫面条件下存在蒸发现象对重气传播的影响，以及存在化学反应等各方面对重气传播的影响也有待进一步的探讨。

附　　录

附录 A　不同分类标准的相关性

分类是最基本的量化分析手段，而分类应当以某种指标为标准。然而当基于不同数量指标为分类的标准时，针对这种对象将存在多种分类方式。换言之，即使规定相同的类别数目，因为所依据的分类指标的不同，分类的方式并不唯一。比如针对大气边界层湍流这一综合了诸多影响因素和复杂机理的复杂事物，对于其基本的稳定度分类并不直接。当分别以不同指标为依据时，包括诸如 UR、R_i 数、温度梯度、大气位温标准差统计量以及 Monin – Obukhov 长度等为分类的指标标准，同一大气风场在分属不同的稳定度类别。这表明，每种指标对应一种稳定度的分类标准。这非但未能简化问题，还增加了认识研究工作的繁杂程度。所以有必要统一分类指标，但在此之前应对各种分类指标做出甄别筛选，所以对分类指标之间的比较便显得尤为必要。下面在数学上以抽象的方法详细分析不同分类指标之间的相关程度。

首先，做以下简要规定：对于某个统计样本预先规定其类别总数为 C 类，各个类分别是第 1，2，…，C 种类别。不论基于何种指针标记的任意两种分类标准被记为第 i 种分类标准和第 j 类分类标准，分别被称为 i 划分和 j 划分。同一个样本可以经 i 划分或 j 划分被划分属于各自的第 1，2，…，C 种类别。定义以下记号：

a_{rs}^{ij} ——对同一批总体，所有以 i 划分的第 r 类的样本中占以 j 划分的第 s 类的比例；或者叙述为 i 划分的第 r 类是 j 划分第 s 类的概率。r 或 $s = 1$，2，…，C。

A_{ij} ——i 划分在 j 划分中的特征矩阵，当中各 r 行 s 列以 a_{rs}^{ij} 为元素；或者将此矩阵解释为以 i 划分分属于 j 划分的矩阵。明显地，矩阵第 A_{ij} 的第任意 r 行是 i 划分的 r 类元素在 j 的划分所有类别中的离散分布。所以对任意 $r = 1$，2，…，C 有：

$$\sum_{s=1}^{C} a_{rs}^{ij} = 1 \qquad (A-1)$$

自然，当矩阵 $A_{ij} = A_{ji}$ 时划分 i 和划分 j 相同。然而当 i 和 j 各自所基于的判别指标不同时，大多数情况 $A_{ij} \neq A_{ji}$，表明两种划分有所差距。所以可以通过两种方式判定 i 和 j 两种分类判别之间的关系。

其一，距离。定义 i 和 j 两种指标的划分接近程度的距离为：

$$d_{ij} = d_{ji} = \| \boldsymbol{A}_{ij} - \boldsymbol{A}_{ji} \| \qquad (\text{A}-2)$$

可见当 d_{ij} 越小时两者划分越趋于相同。

其二，相关性。为判定两种指标的划分的接近程度定义矩阵：

$$\boldsymbol{B}_{ij} = \boldsymbol{B}_{ji} = \boldsymbol{A}_{ij}\boldsymbol{A}_{ji}^{T} \qquad (\text{A}-3)$$

可以验证其为对称矩阵。实际上矩阵 $\boldsymbol{B}_{ij}$ 的任一元素：

$$b_{rs} = (a_{r1}^{ij}, a_{r1}^{ij}, \cdots, a_{rC}^{ij}) \cdot (a_{s1}^{ji}, a_{s1}^{ji}, \cdots, a_{sC}^{ji})^{T} \qquad (\text{A}-4)$$

是两个单位向量夹角余弦值，其意义为 i 划分第 r 类与 j 划分第 s 类两者在彼此分布之中的相关性，其值越接近 1 相关性越大。称矩阵 $\boldsymbol{B}_{ij}$ 为划分 i 和划分 j（或划分 j 和划分 i）的相关性矩阵，可见当 $\boldsymbol{B}_{ij}$ 等于单位矩阵时认为两种划分相同。

以上分析方法在数学上给出了判别不同划分分类准则的一般比较原理。基于此可剔除与某种分类方法接近但计算复杂的分类划分，以有效筛选并精简出有效的分类方法。此适用于机理复杂的模糊问题的量化研究。

附录 B 二维浅层模型方程的推导

首先，从物理意义上卷流速度表示，单位元时间内和单位地表切平面上，在垂直方向上，因大气卷流携带而进入体系的大气的体积：

$$w_{\text{ent}} = \frac{\partial h_{\text{ent}}}{\partial t} \tag{B-1}$$

垂直方向上的泄漏喷射速度则表示，单位元时间内和单位地表切平面上，在垂直方向上，因泄漏源的喷射而进入体系的重气体积：

$$w_{\text{sou}} = \frac{\partial h_{\text{sou}}}{\partial t} \tag{B-2}$$

（1）浅层高度方程的推导。在任意地表切平面控制面积 Ω 内，去除卷流和泄漏源的喷射对浅层体系的作用，Ω 内体积的增减完全取决于体系流速对体积的携带。以积分方程形式描述体积守恒：

$$\frac{\partial}{\partial t} \iint_{\Omega} (h - h_{\text{ent}} - h_{\text{sou}}) \mathrm{d}x\mathrm{d}y = -\int_{\overline{\Omega}} h \, \overline{v} \cdot \mathrm{d}\boldsymbol{l} = -\iint_{\Omega} \nabla \cdot h \, \overline{v} \mathrm{d}x\mathrm{d}y \tag{B-3}$$

此守恒律立即变为偏微分方程形式：

$$\frac{\partial h}{\partial t} + \nabla \cdot h \, \overline{v} = w_{\text{ent}} + w_{\text{sou}} \tag{B-4}$$

利用可压体积方程式（3-19），直接导出浅层高度方程式（3-20）。

（2）浅层平均密度方程的推导。在任意地表切平面控制面积 Ω 内，去除卷流和泄漏源的喷射作用，Ω 内混合气体的平均面密度的增减完全取决于体系流速对质量的携带：

$$\frac{\partial}{\partial t} \iint_{\Omega} (\overline{\rho} h - \rho_a h_{\text{ent}} - \rho_g h_{\text{sou}}) \mathrm{d}x\mathrm{d}y = -\int_{\overline{\Omega}} \overline{\rho} h \, \overline{v} \cdot \mathrm{d}\boldsymbol{l} = -\iint_{\Omega} \nabla \cdot \overline{\rho} h \, \overline{v} \mathrm{d}x\mathrm{d}y$$

$$\tag{B-5}$$

从而有：

$$\frac{\partial \overline{\rho} h}{\partial t} + \nabla \cdot \overline{\rho} h \, \overline{v} = \rho_a w_{\text{ent}} + \rho_d w_{\text{sou}} \tag{B-6}$$

结合体积方程（B-4）并增加重气液滴传质项则 r_{ρ} 得到式（3-21）。

（3）恒温条件下的浅层高度方程的推导。在恒温条件下压力的变化率仅与密度有关。此时浅层高度方程为：

$$\frac{\partial h}{\partial t} + \overline{u}_i \frac{\partial h}{\partial x_j} = \beta' h \frac{\partial \rho}{\partial t} + w_{\text{ent}} + w_{\text{sou}} \tag{B-7}$$

利用密度方程（3-21），得到：

$$\frac{\partial h}{\partial t} + \overline{u}_i \frac{\partial h}{\partial x_j} + \beta' h \overline{u}_i \frac{\partial \overline{\rho}}{\partial x_j} = [1 + \beta'(\rho_d - \overline{\rho})] w_{sou} + [1 - \beta'(\overline{\rho} - \rho_a)] w_{ent}$$

$$(B-8)$$

（4）能量守恒方程的推导。在任意地表切平面控制面积 Ω 内，去除卷流和泄漏源的喷射作用，Ω 内混合气体显热面密度的增减完全取决于体系流速对动量通量的携带和热扩散作用：

$$\frac{\partial}{\partial t} \iint\limits_{\Omega} (c_p T \overline{\rho} h - c_{pa} T_{ent} \rho_a h_{ent} - c_{pd} T_{sou} \rho_g h_{sou}) \mathrm{d}x \mathrm{d}y = -\int\limits_{\Omega} (c_p T \overline{\rho} \, \overline{v} - K \nabla T) \cdot h \mathrm{d}\boldsymbol{l}$$

$$(B-9)$$

写成偏微分方程形式：

$$\frac{\partial}{\partial t} c_p \overline{\rho} h T + \nabla \cdot c_p \overline{\rho} h T \, \overline{v} = \frac{\partial}{\partial x_j} \left(Kh \frac{\partial T}{\partial x_j} \right) + c_{pd} \rho_d w_{sou} T_{sou} + c_{pa} \rho_a w_{ent} T_{ent}$$

$$(B-10)$$

视混合气体比热容 c_p 为常数，结合密度方程（3-21）并考虑湍流因素，得到式（3-25）。

（5）动量守恒方程的推导。动量守恒方程的推导需要使用动量通量（单位时间内通过单位发向面积的动量）张量。在各个法向平面，各个方向的动量通量由压强、传输动量通量和黏性应力组成，其各自在单位时间内分别以压力、携带和黏性阻碍的方式改变当前单位面积上的动量。具体关系如附表 B-1 所示。

附表 B-1　二维平面上的动量通量张量 $\boldsymbol{\pi}$　　　　（kg/(m² · s)）

动量方向 ＼ 通量平面法向	x	y
x	$\pi_{xx} = P + \rho uu + \tau_{xx}$	$\pi_{xy} = \rho uv + \tau_{xy}$
y	$\pi_{yx} = \rho vu + \tau_{yx}$	$\pi_{yy} = P + \rho vv + \tau_{yy}$

仅以 x 方向上的动量方程的推导为例，恒算体现：在任意地表切平面控制面积 Ω 之上，去除卷流和泄漏源的喷射作用携带的不等量的 $\dot{x}$ 方向的大气和重气的动量，在面积 Ω 和浅层高度 h 规定的体积内混合气体平均 x 方向上的动量的增减完全取决于动量通量张量的作用。所以：

$$\frac{\partial}{\partial t} \iint\limits_{\Omega} (\overline{\rho} \overline{u} h \mathrm{d}x \mathrm{d}y - \rho_a u_a h_{ent} \mathrm{d}x \mathrm{d}y - \rho_g u_{sou} h_{sou} \mathrm{d}x \mathrm{d}y) = -\int\limits_{\Omega} (\pi_{xx} h \mathrm{d}y + \pi_{xy} h \mathrm{d}x)$$

$$(B-11)$$

而且数学上：

$$\int_{\overline{\Omega}} (\pi_{xx}h\mathrm{d}y + \pi_{xy}h\mathrm{d}x) = \iint_{\Omega} \left(\frac{\partial \pi_{xx}h}{\partial x} + \frac{\partial \pi_{xy}h}{\partial y} \right) \mathrm{d}x\mathrm{d}y \qquad (\text{B}-12)$$

对于牛顿黏性流体直接导出 x 方向上动量方程：

$$\frac{\partial \overline{\rho}\,\overline{u}h}{\partial t} + \frac{\partial \overline{\rho}\,\overline{u}^2 h}{\partial x} + \frac{\partial \overline{\rho}\,\overline{u}\,\overline{v}h}{\partial y} = -\frac{\partial Ph}{\partial x} + \mu \left(\frac{\partial}{\partial x}h\frac{\partial u}{\partial x} + \frac{\partial}{\partial y}h\frac{\partial u}{\partial y} \right)$$

$$+ \rho_{a}u_{a}w_{\mathrm{ent}} + \rho_{d}u_{\mathrm{sou}}w_{\mathrm{sou}} \qquad (\text{B}-13)$$

利用密度方程（3-21），并结合大涡湍流模型、记入楼宇等障碍物的阻力，得到式（3-24）。

（6）存在重气液滴的气、液两相流二维浅层重气体系的重气液滴云团相对体积方程的推导。因为大气卷流当中并不存在重气液滴，在任意地表切平面控制面积 Ω 总面积内，泄漏源喷射出的液滴体积面密度和因为相间传质增加的液滴体积面密度被完全用于体系速度对其的携带迁移或稀释和 Ω 总面积内的液滴体积面密度积累：

$$\frac{\partial}{\partial t}\iint_{\Omega} \overline{\varepsilon}h_{\mathrm{sou}}\mathrm{d}x\mathrm{d}y + r_{\varepsilon}h = \int_{\overline{\Omega}} \overline{\varepsilon}h\,\overline{v}\cdot\mathrm{d}l + \frac{\partial}{\partial t}\iint_{\Omega} \overline{\varepsilon}h\mathrm{d}x\mathrm{d}y \qquad (\text{B}-14)$$

因此：

$$\frac{\partial \overline{\varepsilon}h}{\partial t} + \nabla\cdot\overline{\varepsilon}h\,\overline{v} = r_{\varepsilon}h + \overline{\varepsilon}w_{\mathrm{sou}} \qquad (\text{B}-15)$$

式中，$r_{\varepsilon}h$ 为相间传质的液滴体积面密度增减速率。结合体积方程（B-4）得到得到式（3-52）。

附录 C　两相重气体系重气液滴相和
气相间的传质模型的推导

（1）因传质而发生改变的气体密度及其变化速率的确定。首先，平均液滴质量为：

$$\rho_1 = \frac{\rho_{H_2O}}{1 - (1 - \rho_{H_2O}/\rho_{gl})c_1} \qquad (C-1)$$

气相质量的增加取决于液相质量的减少，反之亦然：

$$\frac{d\rho}{dt} = -\frac{d\rho_1}{dt} = -\frac{\alpha\rho_1}{1 - \alpha c_1}\frac{dc_l}{dt} \qquad (C-2)$$

式中，$\alpha = 1 - \rho_{H_2O}/\rho_{dl}$。

（2）因传质而改变的液滴云团相对体积变化速率的确定。首先定义气体和液体混合体系中液滴质量分数：

$$m = \frac{\varepsilon\rho_1}{(1-\varepsilon)\rho + \varepsilon\rho_1} \qquad (C-3)$$

通过确定 m 的变化速率得到 ε 变化速率。因气、液两相传质，体系中液滴质量分数因溶解、凝结在液滴中的重气质量的增加而增加，因液态重气的相变而减少：

$$\frac{dm}{dt} = \frac{\rho\rho_1}{[(1-\varepsilon)\rho + \varepsilon\rho_1]^2}\frac{d\varepsilon}{dt} = \frac{\varepsilon}{(1-\varepsilon)\rho + \varepsilon\rho_1}\left(\frac{d\rho_1 c_1}{dt} - \frac{d\rho_1 x}{dt}\right) \quad (C-4)$$

由此得到：

$$\frac{d\varepsilon}{dt} = \varepsilon\left[1 + \left(\frac{\rho_1}{\rho} - 1\right)\varepsilon\right]\left(\frac{1 - \alpha x}{1 - \alpha c_1}\frac{dc_1}{dt} - \frac{dx}{dt}\right) \qquad (C-5)$$

（3）液相中重气组分的质量分数变化速率的确定。c_1 的变化速率总体上受两方面因素的影响，其一，气态重气的溶解、凝结使其增加；其二，液滴中液态重气组分的相变挥发，因此：

$$\frac{dc_1}{dt} = \varepsilon^{2/3}K_{gl}(K_H c^{\gamma_H} - c_1) - \frac{1}{\rho_1}\frac{dx\rho_1 c_1}{dt} \qquad (C-6)$$

由此得到：

$$\frac{dc_1}{dt} = \frac{1 - \alpha c_1}{1 - \alpha c_1 + x}\left[\varepsilon^{2/3}K_{gl}(K_H c^{\gamma_H} - c_1) - c_1\frac{dx}{dt}\right] \qquad (C-7)$$

附录 D　三维模型地曲面坐标下梯度、
散度和旋度算子的确定

（1）梯度算子的确定。在 $i-j-k$ 坐标架和在 $x-y-\xi$ 坐标尺度下，任意位移矢量 r 的位移微元：

$$\mathrm{d}r = \mathrm{d}xi + \mathrm{d}yi + \left(\frac{\partial z}{\partial \xi}\mathrm{d}\xi + \mathrm{d}e\right)k = \mathrm{d}xi + \mathrm{d}yi + \left(\frac{\mathrm{d}\xi}{\xi_z} + e_x\mathrm{d}x + e_y\mathrm{d}y\right)k$$

$$(D-1)$$

根据梯度定义对任意以 x、y 和 ξ 为变量的未知函数 $U = U(x, y, \xi)$ 其增量：

$$\mathrm{d}U = \mathrm{d}r \cdot \nabla_e U \qquad (D-2)$$

所以

$$\mathrm{d} = \mathrm{d}r \cdot \nabla_e \qquad (D-3)$$

由此可以得到 $x-y-\xi$ 系统内关于矢量形式梯度算子：$\nabla_e = (\nabla_{e1}, \nabla_{e2}, \nabla_{e3})^T$ 各个分量算子 $\nabla_{ei}(i=1, 2, 3)$ 的方程组形式（实际上算子与数量函数组成线性空间）：

$$\begin{cases} \dfrac{\partial}{\partial x} = \nabla_{e1} + e_x \nabla_{e3} \\[2mm] \dfrac{\partial}{\partial y} = \nabla_{e2} + e_y \nabla_{e3} \\[2mm] \dfrac{\partial}{\partial \xi} = \dfrac{1}{\xi_z} \nabla_{e3} \end{cases} \qquad (D-4)$$

解得：

$$\nabla_e = \begin{pmatrix} \dfrac{\partial}{\partial x} - e_x\xi_z \dfrac{\partial}{\partial \xi} \\[3mm] \dfrac{\partial S}{\partial y} - e_y\xi_z \dfrac{\partial}{\partial \xi} \\[3mm] \xi_z \dfrac{\partial}{\partial \xi} \end{pmatrix} \qquad (D-5)$$

（2）散度算符的确定。对任意矢量函数 $A(x, y, \xi) = A = (A_1, A_2, A_3)^T$ 求散度：

$$\nabla_e \cdot A = \nabla_e \cdot A_1 i + \nabla_e \cdot A_2 j + \nabla_e \cdot A_3 k$$

$$= A_1 \nabla_e \cdot i + A_2 \nabla_e \cdot j + A_3 \nabla_e \cdot k + i \cdot \nabla_e A_1 + j \cdot \nabla_e A_2 + k \cdot \nabla_e A_3$$

$$(D-6)$$

由于 i、j 和 k 皆为常数矢量，所以：

$$\nabla_e \cdot A = i \cdot \nabla_e A_1 + j \cdot \nabla_e A_2 + k \cdot \nabla_e A_3 \qquad (D-7)$$

因此：

$$\nabla_e \cdot A = \frac{\partial A_1}{\partial x} - e_x \xi_z \frac{\partial A_1}{\partial \xi} + \frac{\partial A_2}{\partial y} - e_y \xi_z \frac{\partial A_2}{\partial \xi} + \xi_z \frac{\partial A_3}{\partial \xi} \qquad (D-8)$$

（3）旋度算符的确定。对任意矢量函数 $A(x, y, \xi) = A = (A_1, A_2, A_3)^T$ 求旋度：

$$\nabla_e \times A = \nabla_e \times A_1 i + \nabla_e \times A_2 j + \nabla_e \times A_3 k$$

$$= A_1 \nabla_e \times i + A_2 \nabla_e \times j + A_3 \nabla_e \times k + i \times \nabla_e A_1 + j \times \nabla_e A_2 + k \times \nabla_e A_3$$
$$(D-9)$$

由于 i、j 和 k 皆为常数矢量，所以：

$$\nabla_e \times A = i \times \nabla_e A_1 + j \times \nabla_e A_2 + k \times \nabla_e A_3 \qquad (D-10)$$

经过计算：

$$\nabla_e \times A = \begin{pmatrix} \dfrac{\partial A_3}{\partial y} - \xi_z \dfrac{\partial A_2}{\partial \xi} - e_y \xi_z \dfrac{\partial A_3}{\partial \xi} \\[2mm] \xi_z \dfrac{\partial A_1}{\partial \xi} - \dfrac{\partial A_3}{\partial x} + e_x \xi_z \dfrac{\partial A_3}{\partial \xi} \\[2mm] \dfrac{\partial A_2}{\partial x} - \dfrac{\partial A_1}{\partial y} + \xi_z (e_y \dfrac{\partial A_1}{\partial \xi} - e_x \dfrac{\partial A_2}{\partial \xi}) \end{pmatrix} \qquad (D-11)$$

参 考 文 献

[1] 化工部劳动保护研究所. 重要有毒物质泄漏扩散模型研究 [J]. 化工劳动保护, 1996 (3): 1~19.

[2] 魏利军. 重气扩散过程的数值模拟 [D]. 北京: 北京化工大学博士学位论文, 2000.

[3] 潘旭海, 蒋军成. 重 (特) 大泄露事故统计分析及事故模式研究 [J]. 化学工业与工程, 2002 (19): 248~252.

[4] 朱红萍, 罗艾民, 李润求. 重气泄露扩散事故后果评估系统研究 [J]. 中国安全科学学报, 2009 (19): 119~124.

[5] 张朝能. 高原山区地形条件下城市重气泄露风洞实验与数值模拟 [D]. 昆明: 昆明理工大学博士学位论文, 2008.

[6] Steven R Hanna, Olav R Hansen, Mathieu Ichard, et al. CFD model simulation of dispersion from chlorine railcar releases in industrial and urban areas [J]. Atmospheric Environment, 2009 (43): 262~270.

[7] Steven R Hanna, Michael J Brown, Fernando E Camelli, et al. Detailed simulations of atmospheric flow and dispersion in downtown manhattan—an application of five computational fluid dynamics models [J]. American Meteor Society, 2006 (87): 1713~1726.

[8] Fotini K Chow, Patrick W Granvold, Curtis M Oldenburg. Modeling the effect of topography and wind on atmospheric dispersion of CO_2 surface leakage at geologic carbon sequestration sites [J]. Energy Procedia, 2009 (1): 1925~1932.

[9] Scargial F, Di Rienzo E, Ciofalo M, et al. Heavy gas dispersion modeling over a topographically complex mesoscale a CFD based approach [J]. Process Safety and Environmental Protection, Process Safety and Environmental Protection, 2005 (83): 242~256.

[10] Ohba R, Kouchi A, Hara T, et al. Validation of heavy and light gas dispersion models for the safety analysis of LNG tank [J]. Journal of Loss Prevention in the Process Industries, 2004 (17): 325~337.

[11] Cowan I R, Castro I P, Robins A G. Numerical considerations for simulations of flow and dispersion around buildings [J]. Journal of Wind Engineering and Industial Aerodynamics, 1997 (67): 535~545.

[12] Gousseau P, Blocken B, Stathopoulos T, et al. CFD simulation of near–field pollutant dispersion on a high–resolution grid: A case study by LES and RANS for a building group in downtown Montreal [J]. Atmospheric Environment, 2011 (45): 428~438.

[13] Michal K, Ludovit J. CFD dispersion modeling for emergency preparadnes [J]. Journal of Loss Prevention in the Process Industries, 2008 (22): 97~104.

[14] Spyros S, Fotis R. Validation of turbulence models in heavy gas dispersion over obstacles [J]. Journal of Hazardous Materials, 2004 (108): 9~20.

[15] Tauseef S M, Rashtchian D, Abbasi S A. CFD–based simulation of dense gas dispersion in presence of obstacles [J]. Journal of Loss Prevention in the Process Industries, 2011

(24)：371～376.

[16] Olav R H, Filippo G, Mathieu I, et al. Validation of FLACS against experimental data sets from the model evaluation database for LNG vapor dispersion [J]. Journal of Loss Prevention in the Process Industries, 2010 (23)：857～877.

[17] Robin K S, Hankin. Majour hazard risk assessment over Non – Flat terrain. part Ⅰ：continuous releases [J]. Atmospheric Environment, 2004 (38)：695～705.

[18] Robin K S, Hankin. Majour hazard risk assessment over Non – Flat terrain. Part Ⅱ：Instantaneous Releases [J]. Atmospheric Environment, 2004 (38)：707～714.

[19] Daish N C, Britter R E, Linden P F, et al. SMEDIS：scientific model evaluation of dense gas dispersion models [J]. Int J Environment and Pollution, 2000 (14)：39～51.

[20] Coldrick S, Lea C J, Lvings M J. Validation database for evaluating vapor dispersion models for safety analysis of LNG facilities, guide to the LNG model validation database. The Fire Protection Research Foundation. http：//www. nfpa. org/assets/files/PDF/Research/LNG _ database_ guide. pdf.

[21] Livings M J, Jagger S F, Lea C J, et al. Evaluating vapor dispersion models for safety analysis of LNG facilities research project. Technical report. The fire protection research foundation. http：//www. nfpa. org/assets/files/PDF/research/LNG Vapor dispersion model. pdf.

[22] Folch A, Costa A, Hankin R K S. TWODEE – 2：a shallow layer model for dense gas dispersion on complex topography [J]. Computers & Geosciences, 2009 (35)：667～674.

[23] Rex B, Jeffrey W, Joseph L, et al. Toxic industrial chemical (TIC) source emissions modeling for pressurized liquefied gases [J]. Atmospheric Environment, 2011 (45)：1～25.

[24] Leung J C. Two – phase flow discharge in nozzles and pipes—a unified approach [J]. Journal of Loss Prevention in the Process Industries. 1990 (3)：27～32.

[25] Richardson S M, Saville G, Fisher S A, et al. Experimental determination of two – phase flow rates of hydrocarbons through restrictions [J]. Process safety and Environmental Protection, 2006 (84)：40～53.

[26] Hans K F, Michael E. Source term considerations in connection with chemical accidents and vapor cloud modeling [J]. Journal of Loss Prevention in the Process Industries, 1988 (1)：75～83.

[27] 黄少烈, 邹华生. 化工原理 [M]. 北京：高等教育出版社, 2002.

[28] 彭世尼, 端长贵, 詹淑惠. 燃气安全技术 [M]. 重庆：重庆大学出版社, 2005.

[29] Lenzing T, Friedel L, Alhusein M. Critical mass flow rate in accordance with the omega – method of DIERS and the Homogeneous Equilibrium Model [J]. Journal of Loss Prevention in the Process Industries, 1998 (11)：391～395.

[30] 赵万星. 长江、嘉陵江重庆主城区段的环境流体动力学模拟 [D]. 重庆：重庆大学博士学位论文, 2005.

[31] 魏文礼, 刘哲. 曲线坐标系下平面二维浅水模型的修正与应用 [J]. 计算力学学报, 2007 (24)：103～106.

[32] Hankin R K S, Britter R E. TWODEE: the Health and Safety Laboratory's shallow layer model for heavy gas dispersion Part 1: Mathematical basis and physical assumptions [J]. Journal of Hazardous Materials 1999 (A66): 211~226.

[33] Hankin R K S, Britter R E. TWODEE: the Health and Safety Laboratory's shallow layer model for heavy gas dispersion Part 2: Outline and validation of the computational scheme [J]. Journal of Hazardous Materials 1999 (A66): 227~237.

[34] Hankin R K S, Britter R E. TWODEE: the Health and Safety Laboratory's shallow layer model for heavy gas dispersion Part 3: Experimental validation (Thorney Island) [J]. Journal of Hazardous Materials 1999 (A66): 239~261.

[35] Venetsanos A G, Bartzis J G, Würtz J, et al. DISPLAY－2: a two－dimensional shallow layer model for dense gas dispersion including complex features [J]. Journal of Hazardous Materials, 2003 (A99): 111~144.

[36] Markiewicz M. Mathematical modeling of the dense gas dispersion. The faculty of envirnmental engineering, warsaw university of technology. http: //manhaz. cyf. gov. pl/manhaz/monography_ 2006_ 5/part02/4_ M_ Markiewicz_ Mathematical%20Modelling%20Heavy%20Gas%20Dispersion. pdf.

[37] 陈祖樨. 偏微分方程（第二版）[M]. 合肥：中国科学技术大学出版社, 2003.

[38] Steven H, Emmanuel B. A simple urban dispersion model tested with tracer data from Oklahoma City and Manhattan [J]. Atmospheric Environment, 2009 (43): 778~786.

[39] Alberto M, Tim H, Jeremy J C. CFD and Gaussian atmospheric dispersion models—A comparison for leak from carbon dioxide transportation and storage facilities [J]. Atmospheric Environment, 2008 (42): 8046~8054.

[40] Anfossi D, Tinarelli G, Trini Castelli S, et al. A new lagrangian particle model for the simulation of dense gas dispersion [J]. Atmospheric Environment, 2010 (44): 753~762.

[41] Changhoon L, Byung－Gu K, Suk－Yul K. A new Lagrangian stochastic model for the gravity－slumping/spreading motion of a dense gas [J]. Atmospheric Environment, 2007 (41): 7874~7886.

[42] Anthony S W, Fredrick W L. Modeling urban and regional aerosols－I. Model Development [J]. Atmospheric Environment, 1994 (28): 531~546.

[43] Yang Z, Betty P, Krish V, et al. Development and applications of the model of aerosol dynamics, reaction, lonization, and dissolution (MADRID) [J]. Journal of Geophysical Research, 2004 (109): 1~31.

[44] 赵海波, 郑楚光, 徐明厚. 离散系统通用动力学方程求解算法的研究进展 [J]. 力学进展, 2006 (36).

[45] 沈青. 稀薄气体动力学 [M]. 北京：国防工业出版社, 2003.

[46] Kevin P C, Christodoulos P, Spyros N P. A computationally efficient hybrid approach for dynamic gas/aerosol transfer in air quality models [J]. 2000 (34): 3617~3627.

[47] Edouard D, Bruno S. Reduction of condensation/evaporation dynamics for atmospheric aero-

sols: Theoretical and numerical investigation of hybrid methods [J]. Aerosol Science, 2006 (37): 950~966.

[48] Hung D V, Tong S, Nakano Y, et al. Measurement of particle size distributions produced by humidifiers operation in high humidity storage environments [J]. Biosystems Engineering, 2010 (107): 54~60.

[49] 盛斐轩, 毛节泰, 李建国, 等. 大气物理学 [M]. 北京: 北京大学出版社, 2006.

[50] 郭晓峰, 蔡旭晖, 辛国君. 稳定近地面层 Monin – Obukhov 长度的解析解 [J]. 北京大学学报 (自然科学版), 2005 (41): 172~179.

[51] Yoshie R, Mochida A, Tominaga Y, et al. Cooperative project for CFD prediction of pedestrian wind environment in the Architectural Institute of Japan [J]. Journal of Wind Engineering and Industrial Aerodynamics, 2007 (95): 1551~1578.

[52] 张宁, 蒋维楣. 建筑物对大气污染扩散影响的大涡模拟 [J]. 大气科学, 2006 (30): 212~220.

[53] Steven R H, Olav R H, Seshu D. FLACS CFD air quality model performance evaluation with Kit Fox, MUST, Prairie Grass, and EMU observations [J]. Atmospheric Environment, 2004 (38): 4675~4687.

[54] 顾兆林. 风扬粉尘——近地层湍流与气固两相流 [M]. 北京: 科学出版社, 2010.

[55] 刘红年, 苗世光, 蒋维楣, 等. 城市建筑力学效应对对流边界层影响的敏感性试验 [J]. 气象科学, 2008 (28): 599~605.

[56] 苗世光, 蒋维楣. 森林冠层和森林边界层的大涡模拟 [J]. 地球物理学报, 2004 (47): 597~603.

[57] Cermak J E. Laboratory simulation of the atmospheric boundary layer [J]. American Institute of Aeronautics and Astronautics, 1991 (9): 1476~1754.

[58] Alan R, Ian C, Paul H, et al. A wind tunnel study of dense gas dispersion in a neutral boundary layer over a rough surface [J]. Atmospheric Environment, 2001 (35): 2243~2252.

[59] Alan R, Ian C, Paul H, et al. A wind tunnel study of dense gas dispersion in a stable boundary layer over a rough surface [J]. Atmospheric Environment, 2001 (35): 2253~2263.

[60] Giovanni G, Sauro S. Comparing methods to calculate atmospheric stability – dependent wind speed profiles—A case study on coastal location [J]. Renewable Energy, 2011 (36): 2189~2204.

[61] McBRIDE M A, Reeves A B, Vanderheyden M D, et al. Use of advanced techniques to model the dispersion of chlorine in complex terrain [J]. Trans IChemE, 2001 (79).

[62] Liu Y L, Zheng J Y, Xu P, et al. Numerical simulation on the diffusion of hydrogen due to high pressured storage tanks failure [J]. Journal of Loss Prevention in the Process Industries, 2009 (22): 265~270.

[63] Tauseef S M, Rashtchian D, Abbasi S A. CFD – based simulation of dense gas dispersion in presence of obstacles [J]. Journal of Loss Prevention in the Process Industries, 2011 (24): 371~376.

［64］周大伟. 高层建筑风压风流场稳态与大涡模拟研究 ［D］. 上海：同济大学硕士学位论文, 2005.

［65］Spyros S, Fotis R. Validation of turbulence models in heavy gas dispersion over obstacles ［J］. Journal of Hazardous Materials, 2004 （A108）：9～20.

［66］Marcus O L, Martina K, Siegfried R. High resolution urban large－eddy simulation studies from street canyon to neighbourhood scale ［J］. Atmospheric Environment, 2008 （42）：8770～8784.

［67］Makoto T. On the outer large－scale motions of wall turbulence and their interaction with near－wall structures using large eddy simulation ［J］. Computers & Fluids, 2009 （38）：37～48.

［68］Hu L H, Huo R, Yang D. Large eddy simulation of fire－induced buoyancy driven plume dispersion in an urban street canyon under perpendicular wind flow ［J］. Journal of Hazardous Materials, 2009 （166）：394～406.

［69］Wang Y, James P W. Assessment of an eddy－interaction model and its refinements using predictions of droplet deposition in a wave－plate demister ［J］. Chemical Engineering Research and Design, 1999 （77）：692～698.

［70］David I Graham. Improved eddy interaction models with random length and time scales ［J］. International Journal of Multiphase Flow, 1998 （24）：335～345.

［71］Michael J B, Cathrin M, Wang G, et al. Meteorological simulations of boundary－layer structure during the 1996 Paso del Norte Ozone Study ［J］. The Science of the Total Environment, 2001 （276）：111～133.

［72］刘儒勋, 舒其望. 计算流体动力学的若干新方法 ［M］. 北京：科学出版社, 2003.

［73］Pontiggia M, Derudi M, Busini V, et al. Hazardous gas dispersion：A CFD model accounting for atmospheric stability classes ［J］. Journal of Hazardous Materials, 2009 （171）：739～747.

［74］Fernando P A, Markus P, Charles M, et al. Atmospheric stability effect on subgrid－scale physics for large－eddy simulation ［J］. Advances in Water Resources, 2001 （24）：1085～1102.

［75］Fernando P A, Wu Y T, H L, et al. Large－eddy simulation of atmospheric boundary layer flow through wind turbines and wind farms ［J］. Journal of Wind Engineering and Industrial Aerodynamics, 2011 （99）：154～168.

［76］Marcelo C, Charles M, Marc B P. Large eddy simulation of pollen transport in the atmospheric boundary layer ［J］. Journal of Aerosol Science, 2009 （40）：241～255.

［77］罗振东. 混合有限元法基础及其应用 ［M］. 北京：科学出版社, 2006.

［78］王福军. 计算流体动力学分析——CFD 软件原理及应用 ［M］. 北京：清华大学出版社, 2004.

［79］傅得熏, 马延文. 计算流体力学 ［M］. 北京：高等教育出版社, 2002.

［80］李庆扬, 王能超, 易大义. 数值分析 ［M］. 北京：清华大学出版社, 2003.

［81］ 孙志忠，袁慰平，闻震初. 数值分析［M］. 2 版南京：东南大学出版社，2008.

［82］ 中华人民共和国环境保护部. 中华人民共和国国家环境保护标准环境影响技术导则——大气环境. 2008.

［83］ 姚增权. 火电厂烟羽的传输与扩散［M］. 北京：中国电力出版社，2002.

［84］ 刘士达，梁福明，刘式适，等. 大气湍流［M］. 北京：北京大学出版社，2008.

［85］ Michael E, Hans K F. Total flammable mass and volume within a vapor cloud produced by a continuous fuel – gas or volatile liquid – fuel release［J］. Journal of Hazardous Materials, 2007（147）：1037 ~ 1050.

［86］ Gonzalez Tello P, Camacho F, Vicaria J M, et al. A modified Nukiyama – Tanasawa distribution function and a Rosin – Rammler model for the particle – size – distribution analysis［J］. Powder Technology, 2008（186）：278 ~ 281.

［87］ Glenn O R, James W G. Measurement of the Kinetics of Solution Droplets in the Presence of Adsorbed Monolayers：Determination of Water Accommodation Coefficients［J］. Journal of Physical Chemistry, 1984（88）：3142 ~ 3148.

［88］ Mohan M, Siddiqui T A. Analysis of Barious Schemes for theestimation of Atmospheric Stability Classification［J］. Atmospheric Environmental, 1998（32）：3775 ~ 3781.

［89］ 张兆顺，崔桂香，许春晓. 湍流理论与模拟［M］. 北京：清华大学出版社，2006.

［90］ 张兆顺，崔桂香，许春晓. 湍流大涡数值模拟的理论和应用［M］. 北京：清华大学出版社，2008.

［91］ Alan R, Ian C, Paul H, et al. A wind tunnel study of dense gas dispersion in a neutral boundary layer over a rough surface［J］. Atmospheric Environment, 2001（35）：2243 ~ 2252.

［92］ Amita T. Computational fluid dynamics and mesoscale modelling techniques for solving complex air pollution problems［M］. The 2004 Workshop of Merging Mesoscale of CFD, AMS Committee of Meteorological Aspect of Air Pollution, UK, 2004.

［93］ 吕美仲，侯志明，周毅. 动力气象学［M］. 北京：气象出版社，2004.

［94］ Morton K W, Mayers D F. Numerical Solution of Partial Differential Equations［M］. Cambridge University Press, 2005.

［95］ 孙昌，宁平. 改进的迎风格式和 R – K 法应用于对流方程的求解［J］. 昆明理工大学学报（理工版），2007（32）：91 ~ 95.

［96］ Davies M E, Singh S. The phase Ⅱ trials：a data set on the effect of obstructions［J］. Journal of Hazardous Materials, 1985（11）：301 ~ 323.

［97］ 陶文铨. 数值传热学［M］. 2 版西安：交通大学出版社，2001.

符 号 说 明

A	叶面积体密度，m^{-1}，压力修正最小二乘问题分解矩阵
$A_{\text{Interface}}$	喷射源与传输－扩散模型中间接口面积，m^2
A_{Oriface}	泄漏口面积，m^2
$\boldsymbol{A}$	矢量函数
a	卷流速度参数，m^3/kg，压力修正最小二乘问题系数
a_{ent}	卷流速度参数
a_{s}	植被太阳辐射衰减指数
$\boldsymbol{a}$	科里奥利力加速度矢量，m/s^2
B	压力修正最小二乘问题系数矩阵
b	卷流速度参数，压力修正最小二乘问题系数矢量，及其元素
b_{ent}	卷流速度参数
C_{f}	摩擦曳力系数，m^{-1}
c	气态重气组分摩尔分数，半离散格式变量
c_{l}	液相中重气组分质量分数
c_{p}	重气和空气混合气体的比热，$kJ/(kg \cdot K)$
c_{pa}	空气比热，$kJ/(kg \cdot K)$
c_{pd}	气态重气比热，$kJ/(kg \cdot K)$
c_{pl}	喷射泄漏源液态存储物质比热，$kJ/(kg \cdot K)$
c_{rl}	半径为 r_{l} 的液滴中重气浓度质量分数
c^{eq}	液滴所能够溶解的饱和重气浓度质量分数
c_0	浅层模型气体密度垂直分布律参数
c_1	浅层模型气体密度垂直分布律参数

c_2	表观速度参数
c_3	表观速度参数
c_4	表观速度参数
$\overline{c}$	浅层模型浅层高度内气态重气组分平均质量浓度分数
$\overline{c}_V$	浅层模型浅层高度内气态重气组分平均体积浓度分数
D_d	重气组分分子扩散系数，m^2/s
D_{in}	计算区域内点网格序号坐标集合
D_t	湍流扩散系数，m^2/s
d	植被地表下垫面湍流应力模型位移高度，m
E	单位矩阵
e	地形曲面高度函数，m，压力修正问题系数矩阵与修正压力乘积矢量元素
e_x	地形曲面高度函数在 x 方向的偏导数
e_y	地形曲面高度函数 y 方向的偏导数
G	单位面积泄漏口泄漏质量流率，$kg/(m^2 \cdot s)$，压力修正最小二乘问题分解矩阵
g	重力加速度，m/s^2
g_e	因地表高度产生的重力分力加速度，m/s^2
h	浅层模型浅层高度，m
h_{gl}	重气相变焓，kJ/kg
h_{glin}	存储罐体内部温度下的气体挥发热，kJ/kg
h_{top}	地表植被冠层顶端高度，m
I	x 方向网格个数上界
i	坐标序号，x 方向网格序号
i_s	标量网格 x 方向网格序号
i_v	矢量网格 x 方向网格序号
$\boldsymbol{i}$	x 方向单位矢量

J	y 方向网格个数上界
j	坐标序号，y 方向网格序号
$\boldsymbol{j}$	y 方向单位矢量
j_s	标量网格 y 方向网格序号
j_v	矢量网格 y 方向网格序号
K	热扩散系数，kJ/(m・K・s)，铅直方向网格个数上界
K_{gl}	液滴相与气相之间的平均传质系数
K_H	Henry 定律常数
K_{SGS}	湍流热扩散系数，kJ/(m・K・s)
k	铅直方向网格序号
k_s	标量网格铅直方向网格序号
k_v	矢量网格铅直方向网格序号
k_{gl}	液滴与气体之间传质系数，s^{-1}/m^2
k_{kel}	Kelvin 效应系数
$\boldsymbol{k}$	z 方向单位矢量
L_{MO}	Monin – Obukhov 长度
M_{air}	空气分子量，kg/mol
M_{dense}	重气分子量，kg/mol
$\overline{M}$	空气与重气混合气体的平均分子量，kg/mol
$\boldsymbol{n}_{lat}$	切地表曲面横向单位向量
$\boldsymbol{n}_{long}$	切地表曲面纵向单位向量
$\boldsymbol{n}_{//}$	地表平面上障碍物边界切线方向单位向量
$\boldsymbol{n}_{\perp}$	地表平面上障碍物边界法线方向单位向量
P	压强，Pa
P_{in}	存储罐体内部的压强，Pa
P_{mix}	混合气体压强，Pa

P_{out}	存储罐体外部的压强，Pa
P_s	泄漏物质的饱和蒸汽压，Pa
R	理想气体状态常数，kJ/(kg·K)
R_s	压力修正中不可压条件的相对权重
r	压力修正最小二乘问题变量
r_l	液滴半径，m
r_{sou}	因泄漏源喷射导致的局部体积变化率速率，s^{-1}
r_ε	因传质导致的相间体积变化率，s^{-1}
r_ρ	因相间传质或化学反应使密度的改变速率，kg/(m^3·s)
$\boldsymbol{r}$	位移矢量，m
$\boldsymbol{r}_{usou}$	动态喷射源各个方向上速度变化率向量，m/s^2
S	标量函数，熵，kJ
T	温度，K
T_b	液态重气沸点，K
T_{env}	环境大气温度，K
T_{sou}	泄漏源重气温度，K
$\overline{T}$	浅层模型浅层高度内混合气体的平均温度，K
u	速度，m/s
$\boldsymbol{u}$	浅层高度内混合气体的平均速度，m/s
$\boldsymbol{u}$	速度向量，m/s
$\boldsymbol{u}_a$	环境大气流场气流速度，m/s
$\boldsymbol{u}_{sou}$	泄漏喷射源喷射物质流速，m/s
u^*	摩擦速度，m/s
V_{Tank}	存储罐体体积，m^3
$\boldsymbol{V}$	速度向量，m/s
$\boldsymbol{V}_{horizon}$	水平速度向量，m/s

v	比体积，m^3/kg
v_{gin}	存储罐体内部气体的比体积，m^3/kg
v_{lin}	存储罐体内部液体的比体积，m^3/kg
$\overline{\boldsymbol{v}}$	浅层模型浅层高度内平均速度向量，m/s
w_{ent}	卷流速度，m/s
w_{sou}	泄漏喷射源铅直方向上喷射速度，m/s
w^*	大气对流运动速度，m/s
X_{max}	物理求解域内 x 方向位移上界，m
x	x 方向坐标位移，m
Y_{max}	物理求解域内 y 方向位移上界，m
y	y 方向坐标位移，m
Z_{max}	计算求解域内最大高度，m
z	z 方向坐标位移，m
α	压力修正问题松弛因子
α_{in}	喷射泄漏源泄漏物质蒸汽的体积分数
β	气体可压性常数，Pa^{-1}
Γ	最优化压力修正问题的最小二乘形式的系数矩阵
γ	气体绝热指数
γ_H	Henry 定律常数
Δt	时间网格步长，s
Δx	x 方向位移空间网格步长，m
Δy	y 方向位移空间网格步长，m
Δz	z 方向位移空间网格步长，m
ε	重气液滴的体积分数
$\overline{\varepsilon}$	浅层模型浅层高度内重气液滴的体积分数
ζ	大气稳定度因子

η	存储罐体内外压力比值，最优化压力修正问题最小二乘形式的系数矢量
η_c	ω 方法判定滞塞流泄漏发生的临界压力比
η_s	喷射泄漏物质相变饱和蒸汽压与罐内压力比值
η_{sc}	相变泄漏情况 ω 方法判定滞塞流发生的临界压力比
θ	位温，K
θ^*	特征位温，K
κ	Kármán 常数
λ	幂律风廓线幂指数，压力修正最小二乘问题系数
μ	气体黏度系数，Pa·s
ξ	无量纲高度
ξ_x	无量纲高度相对于 x 方向距离的导数，m^{-1}
ξ_y	无量纲高度相对于 y 方向距离的导数，m^{-1}
ξ_z	无量纲高度相对于 z 方向距离的导数，m^{-1}
ρ	密度，kg/m^3
ρ_a	空气密度，kg/m^3
ρ_d	气态重气密度，kg/m^3
ρ_{in}	存储罐体内存储物质密度，kg/m^3
ρ_l	液滴相液体密度，kg/m^3
ρ_{lin}	存储罐体内液体密度，kg/m^3
ρ_{max}	某时间层上个网格点上所有密度变量最大值
ρ_{mix}	含液滴的气液两相流混合密度，kg/m^3
$\bar{\rho}$	浅层高度内混合气体的平均密度，kg/m^3
$\bar{\rho}_{mix}$	浅层高度内含液滴的气液两相流的平均密度，kg/m^3
σ	统计方差
τ_{SGS}	LES 湍流模型亚格子应力张量

τ_w	植被地表下垫面法地表方向应力，Pa
τ_{i3}^s	植被地表下垫面法 i 方向面积铅直方向应力，Pa
$\overline{\Phi}_g$	浅层模型浅层高度内平均重力势能，kJ
φ	纬度弧度
φ_h	Monin – Obukhov 廓线理论位温无量纲化梯度函数
φ_m	Monin – Obukhov 廓线理论风速无量纲化梯度函数
Ψ_h	Monin – Obukhov 廓线理论位温修正函数
Ψ_m	Monin – Obukhov 廓线理论位温修正函数
Ω	地球自转角速度，s^{-1}，求解计算域空间，控制体积，m^3
Ω_0	物理域空间
$\overline{\Omega}$	控制体积边界，m^2
ω	ω 方法 ω 变量
ω_s	ω 方法发生相变泄漏情况下滞塞流判定计算参数